TRAITÉ

DE GÉOMÉTRIE APPLIQUÉE

D'ARPENTAGE

ET DE DESSIN LINÉAIRE

COURS DE MATHÉMATIQUES
THÉORIQUE ET PRATIQUE
A l'usage des écoles primaires supérieures, des écoles normales primaires
et des écoles professionnelles, des séminaires, des colléges et des lycées.

TROISIÈME PARTIE

TRAITÉ

DE GÉOMÉTRIE APPLIQUÉE

D'ARPENTAGE

ET DE DESSIN LINÉAIRE

contenant

OUTRE DE NOMBREUSES APPLICATIONS A L'ARCHITECTURE, AU LEVÉ DES PLANS,
AU NIVELLEMENT ET A LA PERSPECTIVE
LES ÉNONCÉS D'UN TRÈS-GRAND NOMBRE DE PROBLÈMES NUMÉRIQUES GRADUÉS.

AVEC 225 FIGURES INTERCALÉES DANS LE TEXTE

PAR J. DUPUIS

Ancien professeur de mathématiques, Proviseur du lycée de Bourges.

Ouvrage autorisé par S. Exc. le Ministre de l'Instruction publique

CINQUIÈME ÉDITION

PARIS

LIBRAIRIE CH. DELAGRAVE

15, RUE SOUFFLOT, 15

1878

PRÉFACE

DE LA PREMIÈRE ÉDITION

Ce traité de géométrie appliquée contient les principes nécessaires à l'intelligence de l'arpentage, du nivellement, du dessin linéaire et de la perspective. Il s'adresse surtout aux élèves des écoles normales primaires, mais il convient aussi aux écoles professionnelles, aux séminaires, aux colléges et aux lycées.

Nous avons passé légèrement sur les propositions dont la vérité se découvre pour peu qu'on y fasse attention, et nous nous sommes efforcé de donner une tournure simple et naturelle aux démonstrations des vérités que l'esprit ne saisit pas immédiatement.

De plus, pour faire bien comprendre le sens des propositions et pour les fixer dans l'esprit des élèves, nous avons fait suivre chaque chapitre d'une série de problèmes numériques gradués, en nous bornant aux applications utiles. Quelques-uns de ces problèmes sont relatifs au partage des terrains et à l'agriculture.

On peut du reste consulter, pour plus de détails, la table des matières qui termine le volume.

TRAITÉ

DE GÉOMÉTRIE APPLIQUÉE

D'ARPENTAGE

ET DE DESSIN LINÉAIRE

NOTIONS PRÉLIMINAIRES

DÉFINITIONS.

1. — On nomme *corps* ou *solide* tout ce qui a les trois dimensions longueur, largeur, et hauteur ou épaisseur.

2. — Le *volume* d'un corps est la portion d'espace occupée par ce corps.

3. — La *surface* d'un corps est ce qui termine ce corps. Les surfaces n'ont que deux dimensions, la longueur et la largeur. Exemple : la surface d'un champ, d'un tableau.

4. — La *ligne* est ce qui termine une portion de surface. Les lignes n'ont qu'une dimension, la longueur.

5. — Le *point* est ce qui termine une portion de ligne. Les points n'ont aucune dimension.

6. — La *ligne droite* peut être considérée comme décrite par le mouvement d'un point qui tend constamment vers un seul et même autre point. Elle est le plus court chemin entre ses deux extrémités. On peut citer comme exemple

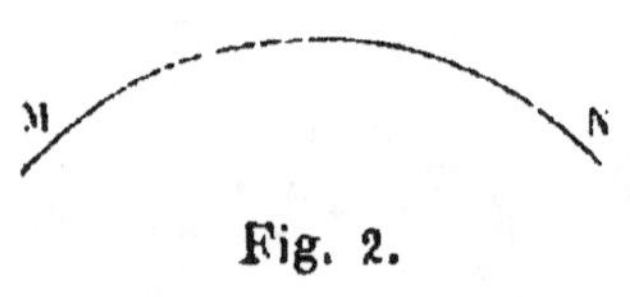

Fig. 1.

la direction du *fil à plomb* ; c'est un fil dont une extrémité est fixe et dont l'autre supporte une petite balle de plomb ou de toute autre matière assez pesante pour tendre le fil. AB (fig. 1) est une ligne droite.

7. — Un *plan* ou une *surface plane* est une surface sur laquelle on peut appliquer une ligne droite exactement dans tous les sens. Exemple : la surface libre d'une eau tranquille d'une petite étendue.

8. — Une *ligne courbe* peut être considérée comme décrite par le mouvement d'un point dont la direction change constamment. Elle n'est ni droite ni composée de lignes droites, mais on peut la regarder comme composée d'un nombre infiniment grand de lignes droites infiniment petites. On peut citer comme exemple de ligne courbe la direction que suit dans un de ses mouvements de va-et-vient l'extrémité inférieure du balancier d'une horloge. MN (fig. 2) est une ligne courbe.

Fig. 2.

9. — Une *ligne courbe plane* est une ligne courbe dont tous les points sont dans un même plan.

10. — Une *surface courbe* est une surface qui n'est ni plane ni composée de surfaces planes. Exemple : la surface d'une boule. On peut toutefois regarder une surface courbe comme composée d'un nombre infiniment grand de surfaces planes infiniment petites.

11. — On nomme *figures* les volumes, les surfaces et les lignes.

12. — La *géométrie* a pour objet la mesure de l'étendue des figures et l'étude de leurs propriétés. On la divise en géométrie plane ou à deux dimensions, et en géométrie de l'espace ou à trois dimensions.

13. — La *géométrie plane* traite des figures dont toutes les parties sont dans le même plan, et la *géométrie de* *l'espace* traite des figures dont les différentes parties ne sont pas dans le même plan.

QUESTIONNAIRE.

1. Que nomme-t-on corps ou solide?
2. Qu'est-ce que le volume d'un corps?
3. Qu'est-ce que la surface d'un corps? Combien une surface a-t-elle de dimensions?
4. Qu'est-ce qu'une ligne? Combien une ligne a-t-elle de dimensions?
5. Qu'est-ce qu'un point?
6. Qu'est-ce qu'une ligne droite? Citer un exemple de ligne droite.
7. Qu'est-ce qu'une surface plane? Citer un exemple.
8. Qu'est-ce qu'une ligne courbe? Citer un exemple
9. Qu'est-ce qu'une ligne courbe plane?
10. Qu'est-ce qu'une surface courbe? Citer un exemple.
11. Que nomme-t-on figure?
12. Qu'est-ce que la géométrie?
13. Quel est l'objet de la géométrie plane? Quel est l'objet de la géométrie de l'espace?

EXPLICATION DE QUELQUES TERMES ET DE QUELQUES SIGNES USUELS.

14. — On nomme *axiome* une vérité évidente. Exemples:

I. Deux lignes droites qui ont deux points communs coïncident dans toute leur étendue et ne forment qu'une seule ligne droite.

II. Deux figures sont égales lorsque, étant appliquées l'une sur l'autre, elles coïncident dans toute leur étendue. (On fait abstraction, en géométrie, de l'impénétrabilité des solides.)

III. Deux quantités égales à une troisième sont égales entre elles.

IV. Le tout est plus grand que sa partie.

V. Le tout est égal à la somme de ses parties.

VI. Deux quantités égales, augmentées ou diminuées de la même quantité, donnent des résultats égaux.

VII. Deux quantités égales, multipliées ou divisées par le même nombre, donnent des résultats égaux.

VIII. Deux quantités inégales, augmentées ou diminuées de la même quantité, donnent des résultats inégaux, etc.

15. — Un *théorème* est une vérité qui devient évidente au moyen d'un raisonnement nommé *démonstration*.

16. — Un *lemme* est un théorème secondaire qui sert à la démonstration d'un théorème plus important.

17. — Une *hypothèse* est une supposition.

18. — Pour exprimer que deux quantités sont égales, on les sépare par le signe = qu'on énonce *égale*.

19. — Pour exprimer que deux quantités sont inégales, on les sépare par le signe > ou < qu'on énonce *plus grand que* ou *plus petit que*, l'ouverture du signe étant tournée du côté de la plus grande des deux quantités.

20. — Le signe de l'addition est + qu'on énonce *plus*, celui de la soustraction est — qu'on énonce *moins*, celui de la multiplication est × qu'on énonce *multiplié par*, et celui de la division est : qu'on énonce *divisé par* ; pour indiquer le quotient de deux quantités, on écrit aussi le diviseur sous le dividende, en les séparant par un filet horizontal ——.

QUESTIONNAIRE.

14. Qu'est-ce qu'un axiome ? Citer quelques axiomes.
15. Qu'est-ce qu'un théorème ?
16. Qu'est-ce qu'un lemme ?
17. Qu'est-ce qu'une hypothèse ?
18. Par quel signe exprime-t-on que deux quantités sont égales ?
19. Par quel signe exprime-t-on qu'une quantité est plus grande ou plus petite qu'une autre ?
20. Quels sont les signes de l'addition, de la soustraction, de la multiplication et de la division ?

GÉOMÉTRIE PLANE

CHAPITRE PREMIER

Des angles et des polygones.

DÉFINITIONS

21. — Un *angle* est la figure formée par deux lignes droites qui, partant d'un même point, suivent des directions différentes. Le point de rencontre des deux lignes est le *sommet* de l'angle, et les deux lignes en sont les *côtés*. Ainsi la figure 3 représente un angle dont le sommet est A et dont les côtés sont AB et AC.

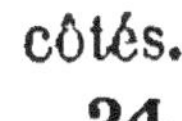

Fig. 3.

22. — On désigne ordinairement un angle par la lettre de son sommet; mais quand plusieurs angles ont le même sommet, on désigne chaque angle par trois lettres, en mettant au milieu la lettre du sommet.

23. — La grandeur d'un angle dépend de l'écartement et non de la longueur de ses côtés.

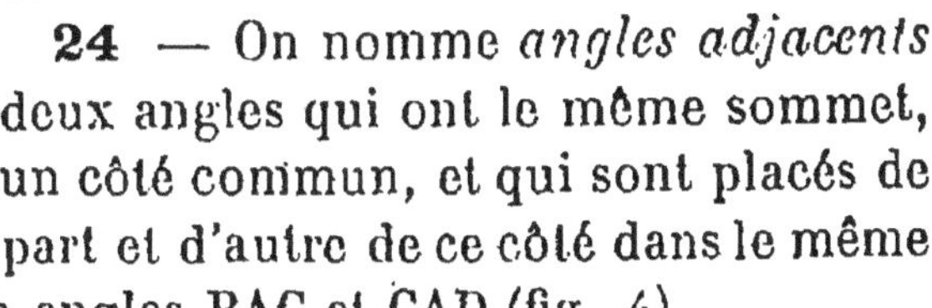

Fig. 4.

24 — On nomme *angles adjacents* deux angles qui ont le même sommet, un côté commun, et qui sont placés de part et d'autre de ce côté dans le même plan. Tels sont les angles BAC et CAD (fig. 4).

25. — Une droite est *perpendiculaire* à une autre, quand la première rencontre la deuxième en faisant avec elle deux angles adjacents égaux. Ainsi, les angles ACD et DCB (fig. 5) étant égaux, la droite CD est perpendiculaire à AB. Le point C se nomme le *pied* de la perpendiculaire.

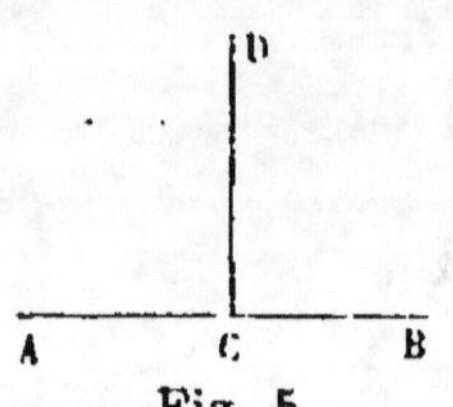

Fig. 5.

26. — On nomme *angle droit* tout angle formé par deux droites perpendiculaires entre elles. Tels sont les angles ACD et DCB (fig. 5).

27. — Une droite est oblique à une autre quand la première rencontre la deuxième en faisant avec elle deux angles adjacents inégaux. Ainsi, les angles ACD et DCB (fig. 6) étant inégaux, la droite CD est oblique à AB. Le point C se nomme le *pied* de l'oblique.

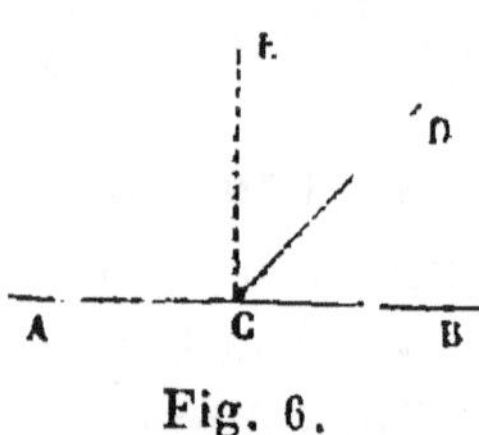

Fig. 6.

28. — On nomme *angle obtus* tout angle plus grand qu'un angle droit, et *angle aigu* tout angle plus petit qu'un angle droit. Ainsi, CE étant perpendiculaire à AB (fig. 6), ACD est un angle obtus, et DCB est un angle aigu.

29. — Deux lignes droites sont *parallèles* lorsque, situées dans le même plan, elles ne se rencontrent pas, quelque loin qu'on les prolonge l'une et l'autre. Telles sont les droites AB et CD (fig. 7).

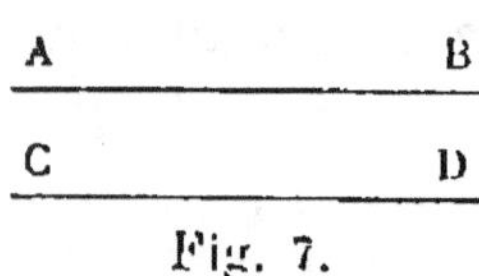

Fig. 7.

On admet que d'un point A on ne peut mener qu'une parallèle AB à une droite CD.

30. — Un *polygone* est une portion de plan terminée par des lignes droites. Ces lignes se nomment les *côtés*, et les sommets des angles se nomment les *sommets* du polygone. Une *diagonale* est une droite qui joint les sommets de deux angles non adjacents, et le *contour* ou le *périmètre* est la somme des cô-

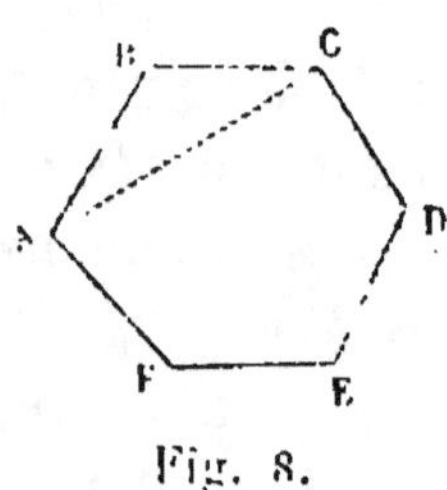

Fig. 8.

tés du polygone. Ainsi ABCDEF (fig. 8) est un polygone de six côtés, AC est une diagonale, et le périmètre est AB + BC + CD + DE + EF + FA.

31. — Un polygone ABCDEF est *convexe* lorsqu'il est tout entier d'un même côté des portions de lignes droites, indéfiniment prolongées, qui forment son périmètre.

32. — Le polygone de trois côtés se nomme *triangle*; celui de quatre côtés, *quadrilatère*; celui de cinq côtés, *pentagone*; celui de six côtés, *hexagone*; celui de huit côtés, *octogone*; celui de dix côtés, *décagone*; celui de douze côtés, *dodécagone*, etc.

33. — On distingue parmi les triangles :

1° Le *triangle équilatéral* (fig. 9), qui a ses trois côtés égaux;

2° Le *triangle isocèle* (fig. 10), qui n'a que deux côtés égaux; le troisième côté se nomme la *base*, et le sommet de l'angle opposé à la base se nomme le *sommet*;

Et 3° le *triangle rectangle* (fig. 11), qui a un angle droit; le côté opposé à l'angle droit se nomme l'*hypoténuse*.

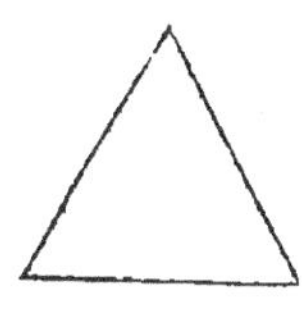

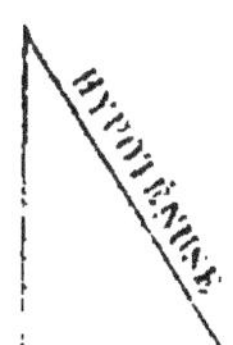

Fig. 9.   Fig. 10.   Fig. 11.

34. — On distingue parmi les quadrilatères :

1° Le *parallélogramme* (fig. 12), qui a les côtés opposés parallèles;

Et 2° le *trapèze* (fig. 13), qui n'a que deux côtés parallèles.

Fig. 12.   Fig. 13.

35. — Enfin, parmi les parallélogrammes on distingue :

1° Le *carré* (fig. 14), qui a les quatre côtés égaux et les quatre angles droits ;

2° Le *rectangle* (fig. 15), qui a les quatre angles droits sans avoir les côtés égaux ;

Et, 3° le *losange* (fig. 16), qui a les quatre côtés égaux sans avoir les angles droits.

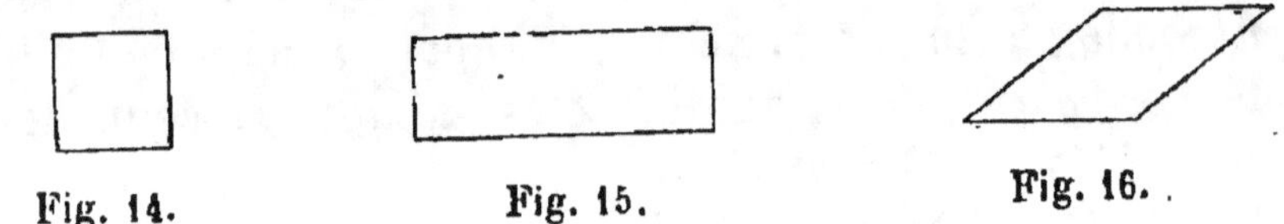

Fig. 14.   Fig. 15.   Fig. 16.

QUESTIONNAIRE.

21. Qu'est-ce qu'un angle? Qu'est-ce que le sommet ? Qu'est-ce que les côtés ?

22. Comment désigne-t-on un angle ?

23. De quoi dépend la grandeur d'un angle ?

24. Que nomme-t-on angles adjacents ?

25. Que nomme-t-on droites perpendiculaires ? Qu'est-ce que le pied de la perpendiculaire ?

26. Qu'est-ce qu'un angle droit ?

67. Que nomme-t-on droites obliques? Qu'est-ce que le pied de l'oblique ?

28. Qu'est-ce qu'un angle obtus, un angle aigu?

29. Que nomme-t-on droites parallèles ?

30. Qu'est-ce qu'un polygone ? Qu'est-ce que les côtés, les sommets, une diagonale, le périmètre ?

31. Qu'est-ce qu'un polygone convexe ?

32. Qu'est-ce qu'un triangle, un quadrilatère, un pentagone, un hexagone, un octogone, un décagone, un dodécagone ?...

33. Qu'est-ce qu'un triangle équilatéral, isocèle ou rectangle ? Que nomme-t-on base et sommet d'un triangle isocèle ? Que nomme-t-on hypoténuse d'un triangle rectangle ?

34. Qu'est-ce qu'un parallélogramme, un trapèze ?

35. Qu'est-ce qu'un carré, un rectangle, un losange ?

§ 1. — MESURE DES ANGLES AU MOYEN DES ARCS DE CERCLE.

DÉFINITIONS.

36. — La plus usitée des lignes courbes est la *circonférence du cercle* ; c'est une ligne courbe plane et continue dont tous les points sont également distants d'un point intérieur qu'on nomme *centre*.

Le *cercle* est l'espace compris dans l'intérieur de la circonférence.

Toute ligne droite, telle que OB (fig. 17), menée du centre à la circonférence, est un *rayon* et toute ligne droite, telle que BC, qui passe par le centre et qui aboutit de part et d'autre à la circonférence, est un *diamètre*.

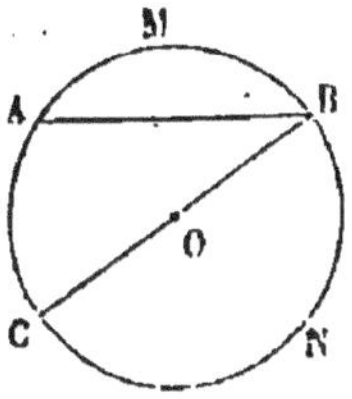

On nomme *arc* une portion quelconque AMB de la circonférence, et *corde* une droite, telle que AB, qui joint deux points quelconques de la circonférence, sans passer par le centre.

Fig. 17.

37.—Le diamètre BC divise la circonférence et le cercle en deux parties égales. Cela se démontre par la superposition : car si on fait tourner la figure BNC, autour de BC, de manière à l'appliquer sur la figure BMC, l'arc BNC coïncidera avec l'arc BMC, puisque tous les points de la circonférence sont également distants du centre.

38. — Toutes les circonférences se divisent en 360 parties nommées *degrés*. Une demi-circonférence contient par conséquent 180 degrés, et un quart de circonférence en contient 90. Chaque degré se divise en 60 *minutes*, et chaque minute en 60 *secondes*.

Les degrés, les minutes et les secondes s'indiquent par un zéro, une apostrophe et deux apostrophes placés à droite des nombres et un peu au-dessus. Ainsi 10 degrés, 20 minutes, 30 secondes s'indiquent 10° 20′ 30″.

39. — On nomme *angles d'un degré, d'une minute, d'une seconde*, les angles qui comprennent entre leurs côtés des arcs d'un degré, d'une minute, d'une seconde, ces arcs étant décrits de leurs sommets comme centre.

THÉORÈME I.

40. — *Deux angles sont égaux quand les arcs compris entre leurs côtés, et décrits de leurs sommets comme centres avec le même rayon, sont égaux.*

Ainsi, soit l'arc AD = l'arc BE (fig. 18) dans la circonférence de rayon AC ; je dis que l'angle ACD = l'angle BCE. Cela se démontre par la superposition : faisons tourner l'angle BCE autour du point C, de manière à appliquer BC sur AC, l'arc EB coïncidera avec l'arc AD, puisque tous les points de la circonférence sont également distants du centre, et le point B tombera en D, puisque l'arc EB = l'arc AD.

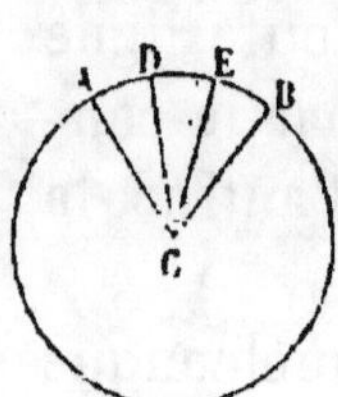

Fig. 18.

Mais du point C au point D on ne peut mener qu'une seule ligne droite, donc EC coïncidera avec OC, et par conséquent les deux angles coïncideront aussi ; donc ils sont égaux.

1re Conséquence. Tous les angles d'un degré sont égaux, ainsi que tous les angles d'une minute.

2e Conséquence. *Un angle a la même mesure que l'arc décrit de son sommet comme centre et compris entre ses côtés*, si on prend l'arc d'un degré pour unité d'arc, et l'angle d'un degré pour unité d'angle.

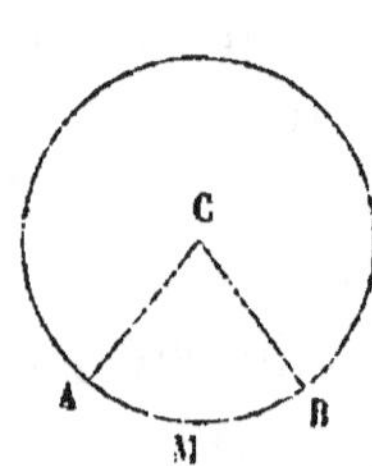

Fig. 18.

Supposons, par exemple, que l'arc AMB (fig. 19), compris entre les côtés d'un angle ACB, vaille 64°, on peut imaginer cet arc divisé en degrés et les points de division joints au centre. L'angle ACB contient alors 64 angles d'un degré, c'est-à-dire qu'il vaut 64°.

On énonce ordinairement cette vérité de la manière suivante ; *Un angle a pour mesure l'arc décrit de son sommet comme centre et compris entre ses côtés.*

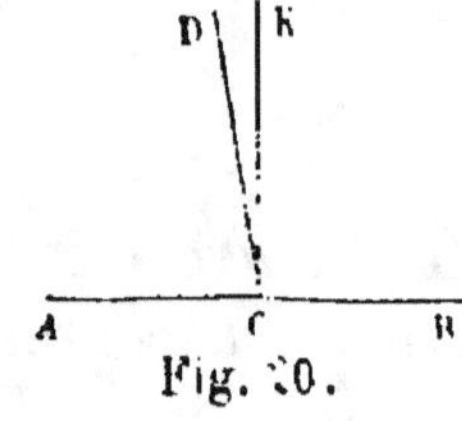

Fig. 20.

THÉORÈME II.

41. — *Par un point C pris sur une droite AB on ne peut mener qu'une perpendiculaire à cette droite.*

Soit en effet (fig. 20) CK perpendi-

culaire à AB, on a l'angle ACK=BCK. Si on dérange un peu
CK, de manière à lui faire prendre une position telle que CD,
l'un des angles augmente et l'autre diminue; donc ils cessent d'être égaux ; donc CD est oblique à AB ; donc par le
point C on ne peut mener qu'une perpendiculaire CK à AB.

CONSÉQUENCE. *Tous les angles droits sont égaux.* Soient,
en effet (fig. 21), CD
perpendiculaire à AB,
et GH perpendiculaire à
EF. Appliquons la seconde figure sur la première de manière que
EF soit sur AB, le point

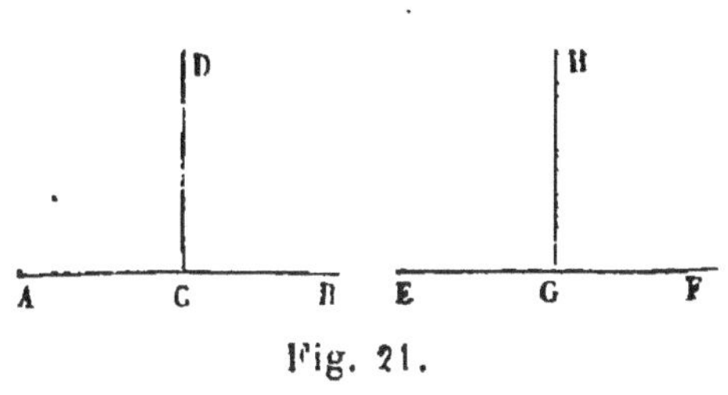

Fig. 21.

G étant en C. Comme par un point pris sur une droite on
ne peut mener qu'une perpendiculaire à cette droite, la
perpendiculaire GH prendra la direction de la perpendiculaire CD ; donc les deux figures coïncident, et l'on a l'angle
EGH = ACD. C'est ce qu'il fallait prouver.

THÉORÈME III.

42. — *Quand une ligne droite* CD *en rencontre une
autre* AB (fig. 22), *elle fait avec elle
deux angles adjacents* ACD, DCB, *dont
la somme est égale à deux angles droits.*

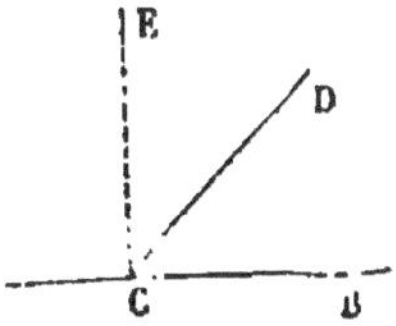

Menons au point C la perpendiculaire CE à AB. On a ACD = ACE
+ ECD; ajoutons DCB à ces deux
quantités égales, les sommes seront égales, et l'on aura
ACD + DCB = ACE + ECD + DCB ;
mais ACE est un angle droit et ECD
+ DCB = ECB qui est aussi un angle
droit. On a donc ACD+DCB = 2 droits.

CONSÉQUENCE. *La somme des angles
successifs* ACD, DCE, ECF, FCB (fig. 23),

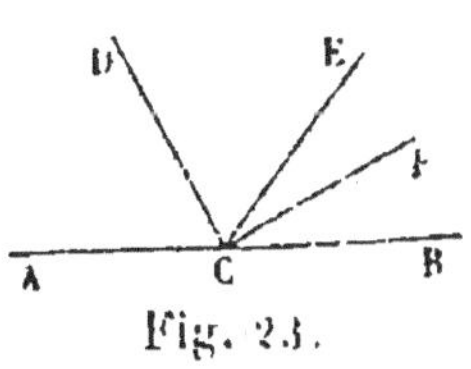

Fig. 22.

Fig. 23.

faits d'un même côté d'une droite AB, *est égale à deux angles droits.* On a en effet ACD + DCB = 2 droits; mais DCB = DCE + ECF + FCB. Remplaçant dans la première égalité DCB par cette valeur, il vient

$$ACD + DCE + ECF + FCB = 2 \text{ droits.}$$

43. — Définitions. On nomme *angles supplémentaires* deux angles dont la somme vaut deux angles droits, et *angles complémentaires* deux angles dont la somme vaut un angle droit. Les angles ACD, DCB (fig. 22) sont supplémentaires, et les angles ECD, DCB sont complémentaires.

THÉORÈME IV.

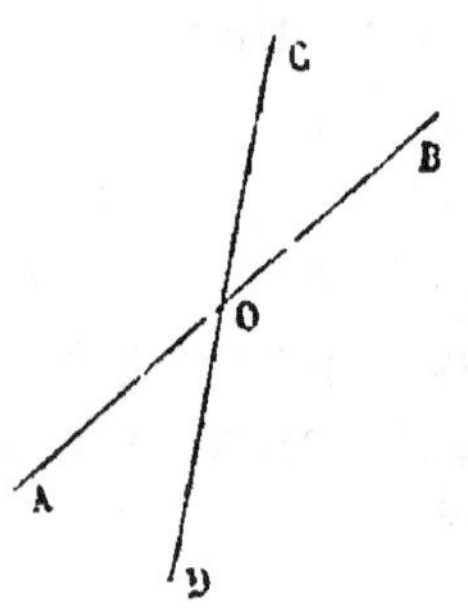

Fig. 24.

44. — *Quand les deux droites* AB, CD *se coupent* (fig. 24), *les angles* AOD, BOC, *opposés par le sommet, sont égaux.*

En effet COD est une ligne droite, donc AOD est le supplément de AOC; mais AOB est aussi une ligne droite, donc BOC est aussi le supplément de AOC. Or un angle AOC ne peut évidemment avoir qu'un supplément; donc AOD=BOC. On démontrerait de la même manière que l'angle AOC = BOD.

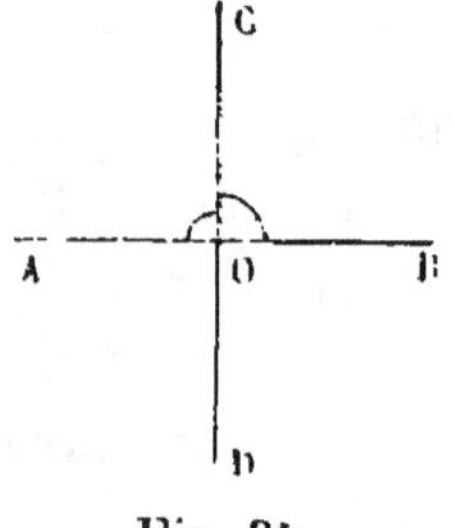

Fig. 25.

Conséquence. *Quand une ligne droite* CD (fig. 25) *est perpendiculaire à une autre ligne droite* AB, *réciproquement la deuxième* AB *est perpendiculaire à la première.* — On a, en effet, AOC=BOC, puisque CO est perpendiculaire à AB. On a aussi AOD = BOC comme angles opposés au sommet; donc AOC = AOD, c'est-à-dire que AB est perpendiculaire à CD.

QUESTIONNAIRE.

36. Qu'est-ce qu'une circonférence de cercle? Qu'est-ce que le cercle, un rayon, un diamètre, un arc, une corde?

37. Démontrer qu'un diamètre divise la circonférence et le cercle en deux parties égales.

38. Combien une circonférence de cercle vaut-elle de degrés? Qu'est-ce qu'une minute, une seconde?

39. Que nomme-t-on angles d'un degré, d'une minute, d'une seconde?

40. Démontrer le théorème I. En conclure qu'un angle a pour mesure l'arc décrit de son sommet comme centre et compris entre ses côtés.

41. Démontrer le théorème II. En conclure que tous les angles droits sont égaux.

42. Démontrer le théorème III.

43. Que nomme-t-on angles supplémentaires, angles complémentaires?

44. Démontrer le théorème IV. En conclure que, si une droite est perpendiculaire sur une autre, réciproquement la deuxième est perpendiculaire sur la première.

---

§ 2. — ÉGALITÉ DES TRIANGLES.

THÉORÈME V.

45. — *Deux triangles sont égaux lorsqu'ils ont un angle égal,* A = D (fig. 26), *compris entre deux côtés égaux chacun à chacun,* AB = DE *et* AC = DF.

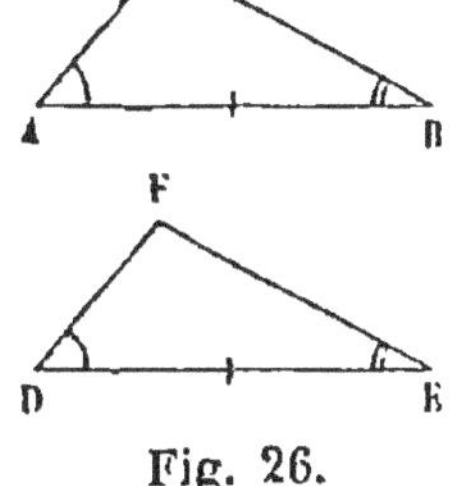

Fig. 26.

Appliquons, en effet, le deuxième triangle sur le premier, de manière que le côté DE soit sur son égal AB. L'angle D étant égal à l'angle A, le côté DF prendra la direction AC, et comme DF = AC, le point F tombera en C. Mais du point B au point C on ne peut mener qu'une ligne droite ; donc EF coïncidera avec BC. Donc les deux triangles coïncideront, donc ils sont égaux.

Remarque. De l'égalité des triangles on conclut l'angle B = E, l'angle C = F et le côté BC = EF.

THÉORÈME VI.

46. — *Deux triangles sont égaux lorsqu'ils ont un côté*

égal, AB = DE (fig. 27), *compris entre deux angles égaux chacun à chacun,* A = D *et* B = E.

Appliquons, en effet, le deuxième triangle sur le premier, de manière que le côté DE soit sur son égal AB. L'angle D étant égal à l'angle A, le côté DF prendra la direction du côté AC, et le point F tombera quelque part sur AC. De même, l'angle E étant égal à l'angle B, le côté EF prendra la direction du côté BC, et le point F tombera quelque part sur BC.

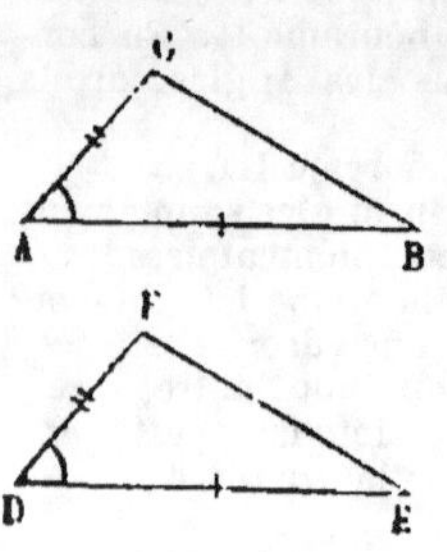

Fig. 27.

Le point F, devant tomber à la fois sur AC et sur BC, tombera en C. Donc les deux triangles coïncideront, donc ils sont égaux.

REMARQUE. De l'égalité des triangles on conclut l'angle F = C, le côté DF = AC, et le côté EF = BC.

THÉORÈME VII.

47. — *Dans un triangle isocèle, les angles opposés aux côtés égaux sont égaux.*

Soit AB = AC (fig. 28), je dis que l'angle C = B. Imaginons la droite AD qui divise l'angle A en deux parties égales. Les deux triangles ABD et ACD seront égaux comme ayant un angle égal compris entre deux côtés égaux chacun à chacun, savoir : l'angle BAD = DAC, le côté AB = AC et le côté AD commun. Donc l'angle B = C.

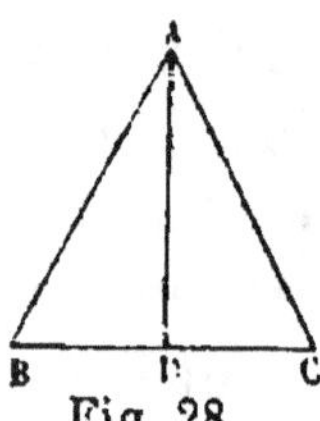

Fig. 28.

1ʳᵉ REMARQUE. De l'égalité des deux triangles ABD et ACD on conclut que BD = DC et que l'angle ADB = ADC. Donc *dans un triangle isocèle, la droite qui divise l'angle du sommet en deux parties égales passe par le milieu de la base et est perpendiculaire à cette base.*

2ᵉ REMARQUE. Un triangle équilatéral est en même temps équiangle, c'est-à-dire qu'il a les angles égaux.

THÉORÈME VIII.

48. — *Deux triangles sont égaux lorsqu'ils ont les trois côtés égaux chacun à chacun.*

On peut appliquer le deuxième triangle à côté du premier, de manière qu'ils aient un côté commun AB (fig. 29). Soit AC = AD et BC = BD.

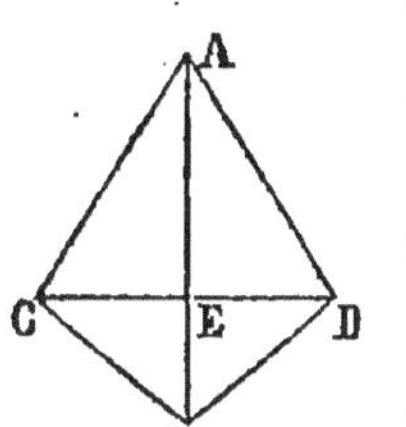

Fig. 29.

Si on joint CD, on a deux triangles isocèles CAD et CBD; mais dans un triangle isocèle, les angles opposés aux côtés égaux sont égaux, on a donc l'angle ACD = ADC et l'angle BCD = BDC; donc ACD + BCD = ADC + BDC, c'est-à-dire que l'angle ACB = ADB; donc les deux triangles ont un angle égal compris entre deux côtés chacun à chacun, donc ils sont égaux.

REMARQUE. De l'égalité des deux triangles, on conclut que les angles opposés aux côtés égaux sont égaux.

QUESTIONNAIRE.

45. Démontrer que deux triangles sont égaux quand ils ont un angle égal compris entre deux côtés égaux chacun à chacun.

46. Démontrer que deux triangles sont égaux quand ils ont un côté égal compris entre deux angles égaux chacun à chacun.

7. Démontrer que, dans un triangle isocèle, les angles opposés aux côtés égaux sont égaux. En conclure qu'un triangle équilatéral est en même temps équiangle.

48. Démontrer que deux triangles sont égaux quand ils ont les trois côtés égaux chacun à chacun. Conclure des théorèmes V, VI et VIII que dans les triangles égaux aux côtés égaux sont opposés des angles égaux, et réciproquement.

§ **3.** — PROPRIÉTÉS DES PERPENDICULAIRES ET DES OBLIQUES.

THÉORÈME IX.

49. — *Par un point pris hors d'une droite, on ne peut mener qu'une perpendiculaire à cette droite.*

Soit en effet OC (fig. 30) perpendiculaire à AB. Je dis

que toute autre droite ODE est oblique à AB. Prolongeons CO

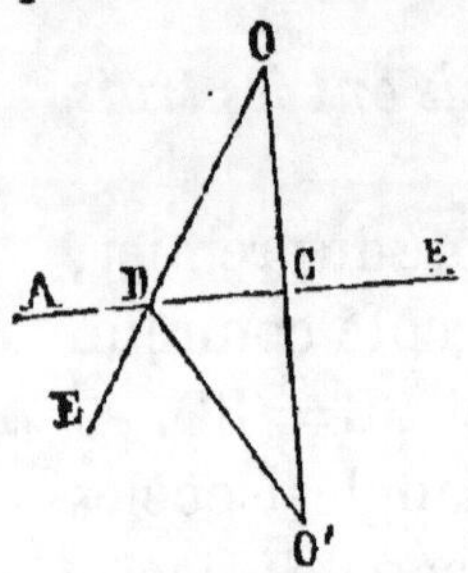

Fig. 30.

d'une longueur CO′ = CO, et joignons DO′. Les deux triangles DCO, DCO′ sont égaux, comme ayant un angle égal, DCO = DCO′, compris entre deux côtés égaux chacun à chacun, car DC est commun. Donc l'angle CDO′ = CDO. Or, on a l'angle CDE > CDO′, car le tout est plus grand que sa partie; donc on a aussi CDE > CDO. Ainsi la droite AB rencontre ODE en faisant avec elle deux angles adjacents CDE, CDO inégaux; donc ces deux droites sont obliques l'une à l'autre.

THÉORÈME X.

50. — *Si l'on prend un point D (fig. 31) dans l'intérieur d'un triangle et si l'on joint ce point aux extrémités d'un côté BC, la somme des droites enveloppées BD + DC sera plus petite que celle des côtés enveloppants BA + AC.*

Prolongeons, en effet, BD jusqu'à la rencontre de AC en E.

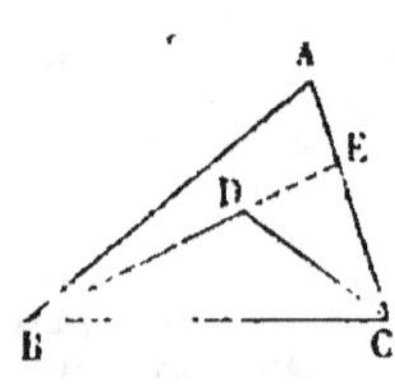

Fig. 31.

On a BD + DE < BA + AE, car la ligne droite BE est le plus court chemin de B en E. On a aussi : DC < DE + EC, car DC est le plus court chemin de D en C. On peut ajouter ces deux inégalités membre à membre, car la somme des deux quantités les plus petites est évidemment plus petite que la somme des deux quantités les plus grandes; il vient alors BD + DE + DC < BA + AE + DE + EC, ou, en retranchant des deux membres la partie commune DE, BD + DC < BA + AE + EC.

C'est ce qu'il fallait démontrer.

THÉORÈME XI.

51. — *Si d'un point A, pris hors d'une droite MN (fig. 32), on mène à cette droite la perpendiculaire AB et différentes obliques AC, AE, AK,*

1° Deux obliques AC, AE, dont les pieds s'écartent également de celui de la perpendiculaire, sont égales ;

2° La perpendiculaire AB est plus courte que toute oblique ;

Et, 3° de deux obliques AC, AK, celle dont le pied s'écarte le plus de celui de la perpendiculaire est la plus longue.

1° On a $BC = BE$; donc les deux triangles ABC, ABE

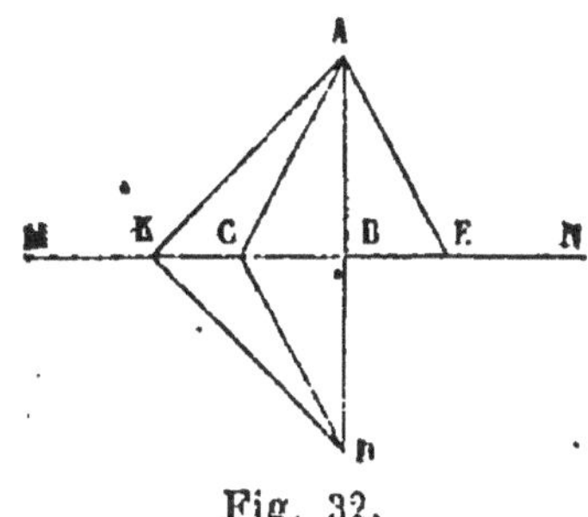

Fig. 32.

sont égaux comme ayant un angle égal, $ABC = ABE$, compris entre deux côtés égaux chacun à chacun, car AB est commun. Donc $AC = AE$.

2° Prolongeons AB d'une longueur $BD = AB$, et joignons CD. On a $CD = AC$ comme obliques dont les pieds s'écartent également de celui de la perpendiculaire CB. Mais on a $AB + BD < AC + CD$, car la ligne droite AD est le plus court chemin de A en D ; donc la perpendiculaire AB, moitié de $(AB + BD)$, est plus courte que l'oblique AC, moitié de $(AC + CD)$.

REMARQUE. La perpendiculaire AB, qui est plus courte que toute oblique, se nomme la distance du point A à la droite MN.

3° On a $BC < BK$. Joignons KD ; on a $AK = KD$ comme obliques dont les pieds s'écartent également de celui de la perpendiculaire KB ; mais on a $AC + CD < AK + KD$, car dans le triangle AKD la somme des droites-enveloppées est plus petite que la somme des côtés enveloppants ;

donc l'oblique AC, moitié de (AC + CD), est plus courte
que l'oblique AK, moitié de (AK + KD).

THÉORÈME XII.

52. — *Si, par le milieu C d'une droite AB (fig. 33), on
mène une perpendiculaire DE à cette droite : 1° tout point
D de la perpendiculaire sera également distant des deux
extrémités de la droite AB, et 2° tout point F hors de cette
perpendiculaire en sera inégalement distant.*

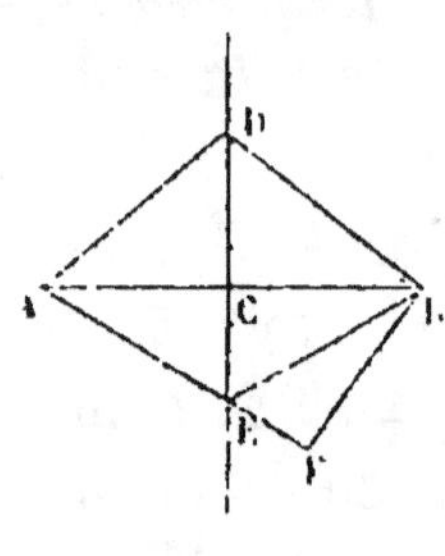

Fig. 33.

1° AC = CB ; donc AD = DB comme
obliques dont les pieds s'écartent également
de celui de la perpendiculaire DC.

2° Joignons BE ; on a BF < BE + EF,
car la ligne droite BF est le plus court
chemin de B en F ; mais BE = AE, puisque le point E est sur la perpendiculaire ; on a donc aussi BF < AE + EF,
ou BF < AF.

REMARQUE. Réciproquement, tout point également distant des deux extrémités d'une droite appartient à la perpendiculaire menée à cette droite par son milieu ; car si
le point était hors de cette perpendiculaire, il serait inégalement distant des deux extrémités de la droite.

THÉORÈME XIII.

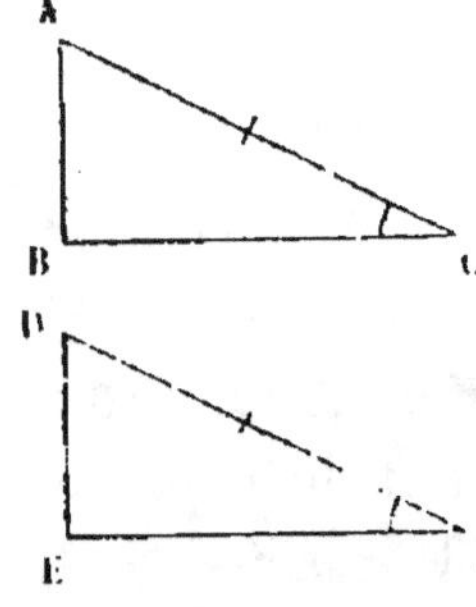

Fig. 34.

53. — *Deux triangles rectangles
sont égaux quand ils ont l'hypoténuse
égale AC = DF et un angle adjacent
égal C = F (fig. 34).*

Appliquons le deuxième triangle
sur le premier, de manière que l'hypoténuse DF soit sur son égale AC.
L'angle F étant égal à l'angle C, le côté
FE prendra la direction CB, et le point E tombera quelque

part sur CB. Comme d'un point A on ne peut mener à une droite CB qu'une seule perpendiculaire, la perpendiculaire DE prendra la direction de la perpendiculaire AB, et le point E tombera quelque part sur AB. Le point E, devant tomber à la fois sur CB et sur AB, tombera en B. Donc les deux triangles coïncideront, donc ils sont égaux.

QUESTIONNAIRE.

49. Démontrer que, par un point pris hors d'une droite, on ne peut mener qu'une perpendiculaire à cette droite.

50 Démontrer que, si on prend un point dans l'intérieur d'un triangle, et si on joint ce point aux extrémités d'un côté, la somme des droites enveloppées est plus petite que la somme des côtés enveloppants.

51. Démontrer le théorème XI. Que nomme-t-on distance d'un point à une droite ?

52 Démontrer le théorème XII.

53. Démontrer que deux triangles rectangles sont égaux, quand ils ont l'hypoténuse égale et un angle adjacent égal.

---

§ 4. — PROPRIÉTÉS DES PARALLÈLES.

THÉORÈME XIV.

54. — *Deux droites* AB, CD (fig. 35), *perpendiculaires à une troisième* EF, *sont parallèles entre elles.*

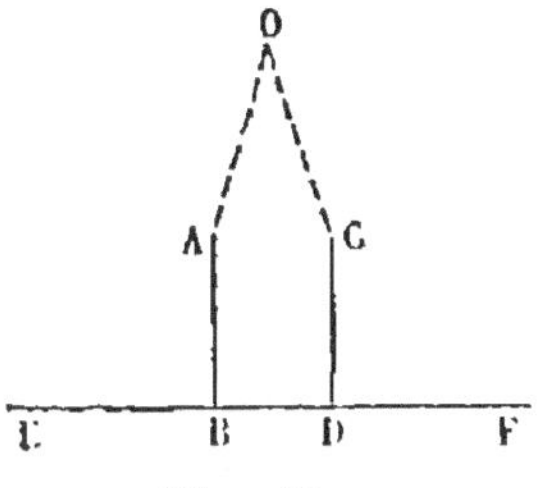

En effet, si elles se rencontraient en un point O, on pourrait, de ce point, mener deux perpendiculaires OAB, OCD à une droite EF, ce qui est impossible (n°49).

Fig. 35.

THÉORÈME XV.

55. — *Deux droites* AB, CD (fig. 36), *parallèles à une troisième* MN, *sont parallèles entre elles.*

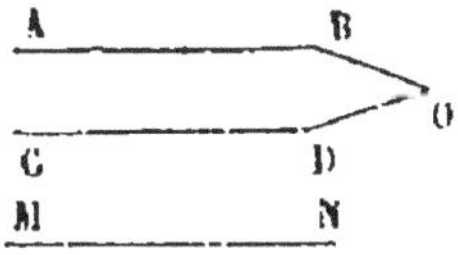

En effet, si elles se rencontraient en un point O, on pourrait, de ce point, mener deux parallèles OBA,

Fig. 36.

ODC à une droite MN; et on admet, comme un axiome, qu'on n'en peut mener qu'une.

THÉORÈME XVI.

56. — *Quand deux droites AE, BC, sont parallèles (fig. 37), toute droite AD, perpendiculaire à l'une BC, est perpendiculaire à l'autre AE.*

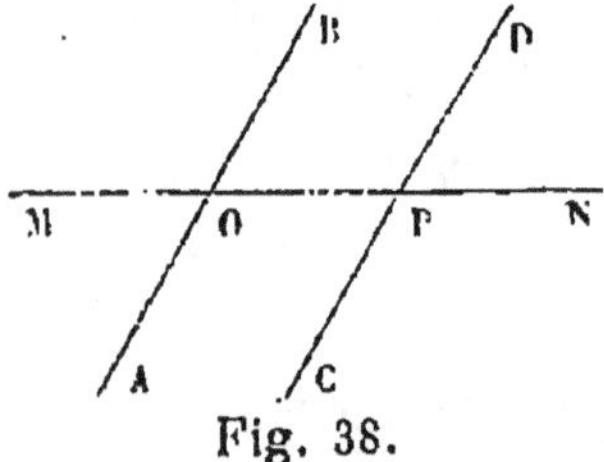

Fig. 37.

En effet, si l'on menait par le point A une perpendiculaire AE′ à AD, elle serait parallèle à BC (n° 54). Mais on admet qu'on ne peut mener d'un point A qu'une parallèle à une droite BC; donc AE′ se confondrait avec AE, donc AD est perpendiculaire à AE.

CONSÉQUENCE. *Quand deux droites AB, CD (fig. 38), sont parallèles, toute droite MN, oblique à l'une AB, est oblique à l'autre CD.* Car si MN était perpendiculaire à CD, elle serait aussi perpendiculaire à AB, c qui n'a pas lieu.

Fig. 38.

57. — DÉFINITION. Toute ligne droite qui en rencontre une ou plusieurs autres se nomme une *sécante*.

Quand deux droites AB, CD, parallèles ou non, sont rencontrées par une sécante GH (fig. 38), on obtient huit angles qui ont reçu deux à deux différents noms:

On nomme *alternes-internes* deux angles, tels que BOP et OPC, situés de part et d'autre de la sécante entre les deux droites, et non adjacents.

On nomme *alternes-externes* deux angles, tels que AOM, DPN, situés de part et d'autre de la sécante, en dehors des deux droites, et non adjacents.

On nomme *correspondants* deux angles tels que BOP,

DPN, situés d'un même côté de la sécante, l'un entre les deux droites, l'autre en dehors, et non adjacents.

On nomme *intérieurs*, deux angles tels que BOP, DPO, situés entre les deux droites d'un même côté de la sécante.

Et on nomme *extérieurs*, deux angles, tels que BOM, DPN, situés en dehors des deux droites d'un même côté de la sécante.

THÉORÈME XVII.

58. — *Quand deux parallèles* AB, CD (fig. 39) *sont rencontrées par une sécante oblique* EF, 1° *les quatre angles aigus sont égaux entre eux, ainsi que les quatre angles obtus ; 2° un angle aigu et un angle obtus sont supplémentaires.*

1° Du point O, milieu de GH, menons une perpendiculaire IK commune aux deux parallèles. Les deux triangles rectangles OIH, OKG, seront égaux comme ayant l'hypoténuse égale, OG = OH, et un angle adjacent égal, savoir : l'angle HOI = KOG, car ils sont opposés par le sommet. Donc le troisième angle OHI du premier triangle est égal au troisième angle OGK du deuxième. Or, les angles opposés au sommet étant égaux, on a OHI = CHF et OGK = BGE ; donc les quatre angles aigus sont égaux.

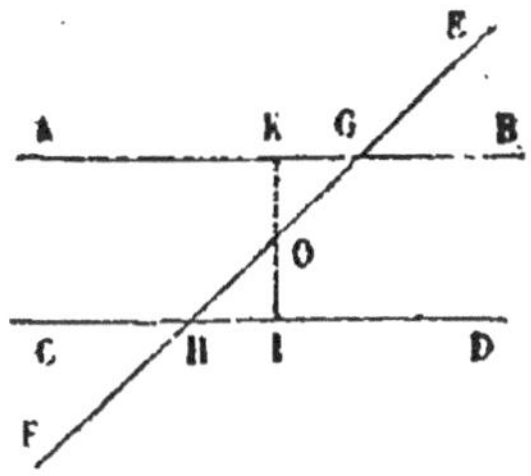

Fig. 39.

Les quatre angles obtus sont égaux comme suppléments d'angles aigus égaux; et l'on a AGE = BGH = GHC = DHF.

2° AGE + BGE = 2 angles droits ; or les quatre angles aigus sont égaux, ainsi que les quatre angles obtus; donc un angle aigu et un angle obtus sont supplémentaires.

Remarque. Le théorème précédent peut s'énoncer de la manière suivante : *Quand deux parallèles sont rencontrées par une sécante : 1° les angles alternes-internes sont égaux, ainsi que les angles alternes-externes et les angles corres-*

pondants ; 2° les angles intérieurs sont supplémentaires ainsi que les angles extérieurs.

THÉORÈME XVIII.

59.—*Réciproquement, quand deux droites AB, CD (fig. 40) sont rencontrées par une sécante GH, de manière que les angles alternes-internes AEF, EFD soient égaux, ces droites sont parallèles.*

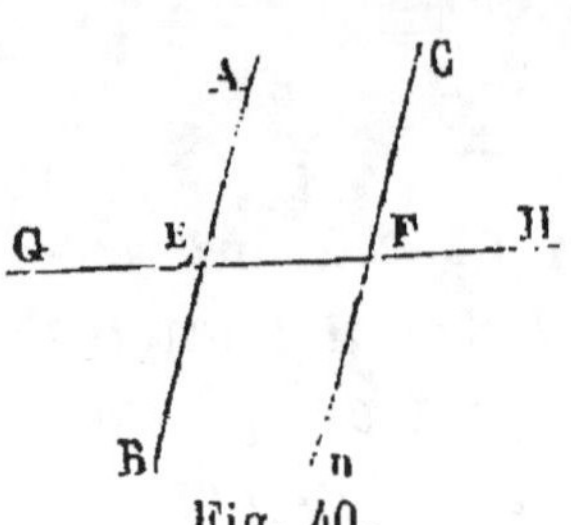

Fig. 40.

En effet, si par le point E on menait une parallèle A′B′ à CD, elle ferait avec EF un angle A′EF=EFD; mais déjà AEF=EFD par hypothèse ; donc A′EF = AEF, c'est-à-dire que la parallèle A′B′ se confond nécessairement avec AB ; donc AB est parallèle à CD.

REMARQUE. On démontrerait de même que deux droites, rencontrées par une sécante, sont parallèles quand les angles alternes-internes ou correspondants sont égaux, et aussi quand les angles intérieurs ou extérieurs sont supplémentaires.

THÉORÈME XIX.

60. — *Deux angles ABC, DEF (fig. 41), sont égaux quand ils ont les deux côtés parallèles deux à deux et dirigés dans le même sens.*

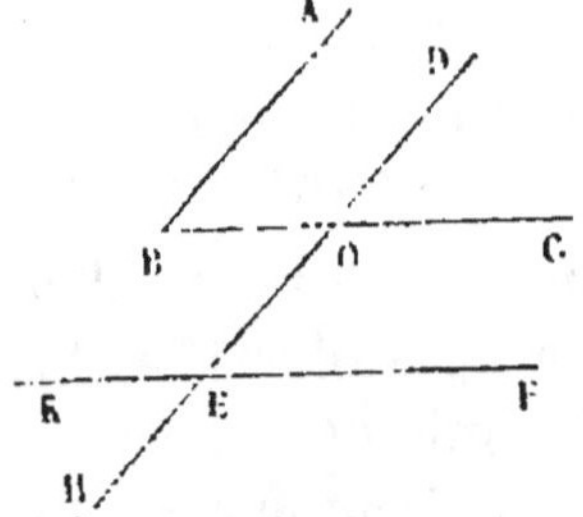

Fig. 41.

En effet, l'angle ABC = DOC comme correspondants par rapport aux deux parallèles AB, DE, rencontrées par la sécante BC; de même l'angle DEF =DOC comme correspondants par rapport aux deux parallèles BC, EF rencontrées par la sécante DE; mais deux quantités égales à une troisième sont égales entre elles ; donc ABC = DEF.

REMARQUE. Deux angles ABC, KEH, sont aussi égaux quand ils ont les côtés parallèles et dirigés en sens contraire, çar ils sont tous deux égaux à DEF.

QUESTIONNAIRE.

54. Démontrer que deux droites perpendiculaires à une troisième sont parallèles.

55. Démontrer que deux droites parallèles à une troisième sont parallèles entre elles.

56. Démontrer que, si deux droites sont parallèles, toute perpendiculaire à l'une est perpendiculaire à l'autre. En conclure que toute droite oblique à l'une est oblique à l'autre.

57. Que nomme-t-on sécante, angles alternes-internes, angles alternes-externes, angles correspondants, angles intérieurs, angles extérieurs ?

58. Démontrer que, quand deux parallèles sont rencontrées par une sécante, les angles alternes-internes sont égaux. ainsi que les angles alternes-externes et les angles correspondants. En conclure que les angles intérieurs sont supplémentaires, ainsi que les angles extérieurs.

59. Démontrer les réciproques.

60. Démontrer que deux angles sont égaux quand ils ont les côtés parallèles deux à deux, et dirigés dans le même sens ou en sens contraire.

---

§ 5. — SOMME DES ANGLES D'UN TRIANGLE.

THÉORÈME XX.

61. — *La somme des trois angles d'un triangle ABC* (fig. 42) *est égale à deux angles droits.*

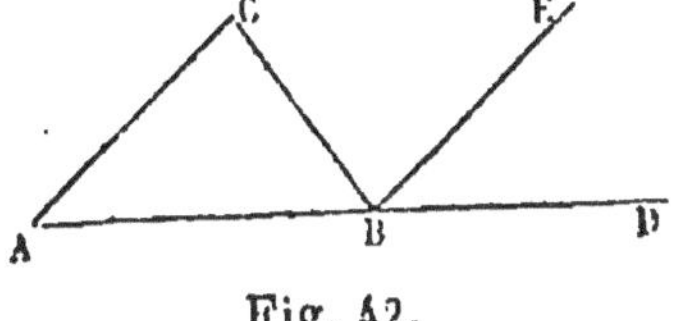

Fig. 42.

Prolongeons AB d'une quantité quelconque BD et menons BE parallèle à AC. La somme des angles successifs faits d'un même côté d'une droite est égale à deux angles droits ; donc on a :

$$\text{ABC} + \text{CBE} + \text{EBD} = 2 \text{ droits [1]}.$$

L'angle CBE = C comme alternes-internes, par rapport aux deux parallèles AC, BE rencontrées par la sécante BC, et l'angle EBD = A, comme correspondants par rapport aux mêmes parallèles rencontrées par la sécante AB.

Remplaçons dans l'égalité (1) les angles CBE et EBD par leurs valeurs, il vient :

$$ABC + C + A = 2 \text{ droits.}$$

C'est ce qu'il fallait démontrer.

REMARQUE. L'angle extérieur CBD, formé par un côté BC et le prolongement BD d'un autre côté AB, est égal à la somme des deux angles intérieurs opposés, A et C.

Un triangle ne peut avoir qu'un seul angle droit ou obtus.

Dans un triangle rectangle les deux angles aigus sont complémentaires.

Quand deux triangles ont deux angles égaux chacun à chacun, le troisième angle du premier est égal au troisième angle du second.

THÉORÈME XXI.

62. — *La somme des angles d'un polygone convexe est égale à autant de fois deux angles droits qu'il a de côtés moins deux.*

Si on mène d'un sommet A (fig. 43) des diagonales à tous les sommets non adjacents, on décompo-

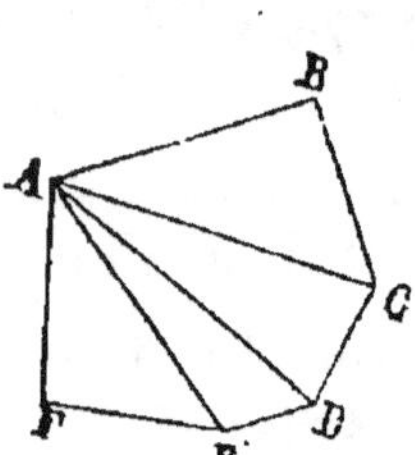

Fig. 43.

sera le polygone en autant de triangles qu'il a de côtés moins deux, car chaque triangle ACD, ADE,… comprend un côté, excepté les deux triangles extrêmes ABC, AFE, qui comprennent chacun deux côtés. Or, la somme des angles de chaque triangle vaut deux angles droits, et, de plus, la somme des angles du polygone est exactement la même que la somme des angles de tous les triangles ; donc la somme des angles du polygone égale autant de fois deux angles droits qu'il y a de triangles, c'est-à-dire autant de fois deux angles droits que le polygone a de côtés moins deux.

QUESTIONNAIRE.

61. Démontrer que la somme des trois angles d'un triangle égale deux droits. En conclure que si deux triangles ont deux angles égaux chacun à chacun, le troisième angle du premier est égal au troisième angle du second.

62. Trouver la somme des angles d'un polygone convexe.

PROBLÈMES A RÉSOUDRE.

1. Évaluer la somme des angles des polygones de 4, 5, 6, 8, 10 et 12 côtés, en prenant l'angle droit pour unité.

2. Évaluer la somme des angles des polygones de 7, 9, 11, 13 et 15 côtés, en prenant pour unité l'angle d'un degré qui est contenu 90 fois dans l'angle droit.

3. Un polygone de 20 côtés a tous ses angles égaux. On demande d'évaluer en degrés un de ces angles.

4. Deux angles d'un triangle valent 75° et 28° 30'. On demande la valeur du troisième.

5. Deux angles d'un pentagone valent 94° chacun, et deux autres angles 125° 30' chacun. Quelle est la valeur du cinquième angle ?

6. Un polygone de 16 côtés a 6 angles égaux à 160° chacun, et les 10 autres sont égaux entre eux. Quelle est la valeur de chacun de ces 10 angles ?

7. L'angle au sommet d'un triangle isocèle vaut 45°. Quelle est la valeur d'un des deux angles à la base ?

8. Un des deux angles à la base d'un triangle isocèle vaut 72° 30. Quelle est la valeur de l'angle au sommet ?

9. L'angle au sommet d'un triangle isocèle est le quart d'un des deux angles à la base. Quelle est la valeur de chacun des trois angles ?

10. Les trois angles d'un triangle sont entre eux comme les nombres 1, 2, 3. Ce triangle est-il rectangle ?

---

§ 6. — PROPRIÉTÉS DES PARALLÉLOGRAMMES.

THÉORÈME XXII.

63. — *Les côtés opposés d'un parallélogramme ABCD (fig. 44) sont égaux.*

Menons la diagonale AC. Les deux triangles ABC, ADC

sont égaux comme ayant un côté égal compris entre deux angles égaux chacun à chacun ; savoir : .

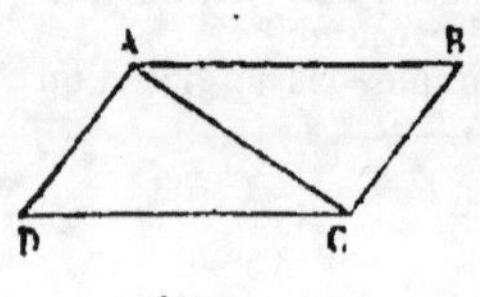

Fig. 44.

le côté AC commun, l'angle CAB = ACD comme alternes-internes par rapport aux deux parallèles AB, CD, rencontrées par la sécante AC, et l'angle ACB = CAD comme alternes internes par rapport aux deux parallèles AD, BC, rencontrées par la même sécante. Or, dans les triangles égaux, aux angles égaux sont opposés des côtés égaux ; donc AB = CD et AD = BC.

1ʳᵉ REMARQUE. Les angles opposés d'un parallélogramme sont aussi égaux ; ainsi l'angle A = C. En effet, ces angles ont les côtés parallèles et dirigés en sens contraire.

2° REMARQUE. Le théorème précédent peut s'énoncer ainsi : *Deux parallèles comprises entre deux autres parallèles sont égales.*

3ᵉ REMARQUE. Le parallélogramme dont deux côtés adjacents sont égaux a les quatre côtés égaux, c'est-à-dire que la figure est un losange.

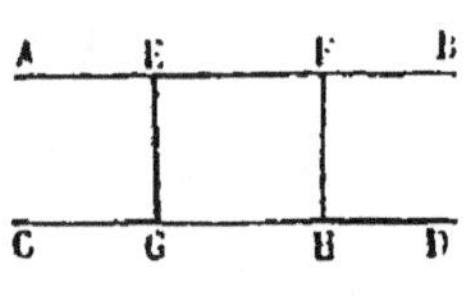

Fig. 45.

64. — 4ᵉ REMARQUE. *Deux parallèles AB, CD (fig. 45) sont partout également distantes.*

Soient, en effet, EG, FH, deux perpendiculaires communes aux deux parallèles ; elles seront parallèles et par conséquent égales, comme comprises entre deux autres parallèles.

THÉORÈME XXIII.

65. — *Si deux côtés opposés AB, CD (fig. 44) d'un quadrilatère sont égaux et parallèles, la figure est un parallélogramme.*

En effet, si l'on menait par le point C une parallèle CB′ à AD, elle déterminerait une distance AB′ = CD, puisque les parallèles comprises entre parallèles sont égales ; mais on a déjà AB = CD ; donc AB' = AB, c'est-à-dire que CB' se confond avec CB ; donc CB est parallèle à AD, et la figure ABCD est un parallélogramme.

THÉORÈME XXIV.

66. — *Les deux diagonales d'un parallélogramme ABCD* (fig. 46) *se coupent mutuellement en deux parties égales.*

En effet, les deux triangles ABE, CDE sont égaux comme

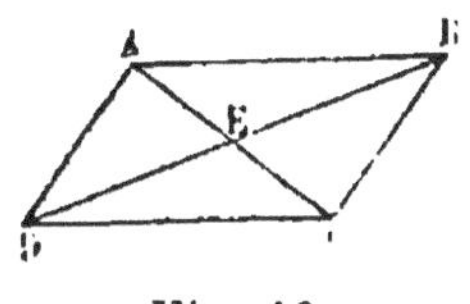

Fig. 46.

ayant un côté égal compris entre deux angles égaux chacun à chacun ; savoir : AB = DC, comme côtés opposés d'un parallélogramme, l'angle ABE = EDC, comme alternes-internes, par rapport aux deux parallèles AB, CD, rencontrées par la sécante BD, et l'angle BAE = ECD, comme alternes-internes par rapport aux mêmes parallèles rencontrées par la sécante AC. Or, dans les triangles égaux, aux angles égaux sont opposés des côtés égaux ; donc AE = EC et BE = ED.

Conséquence. Les deux diagonales d'un losange ABCD (fig. 47) sont perpendiculaires entre elles. En effet, les

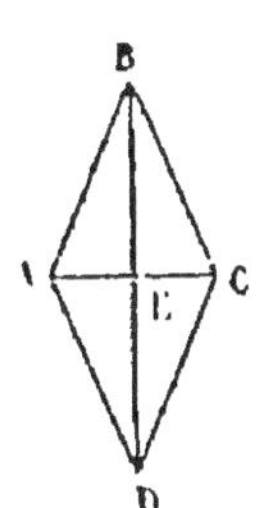

Fig. 47.

deux triangles ABE, CBE sont égaux comme ayant les trois côtés égaux chacun à chacun, savoir : BE commun, AB = BC, puisque le losange est un parallélogramme dont deux côtés adjacents sont égaux, et AE = EC, puisque les deux diagonales d'un parallélogramme se coupent mutuellement en deux parties égales. Or, dans les triangles égaux, aux côtés égaux sont opposés des angles égaux ; donc l'angle AEB = BEC, c'est-à-dire que BE est perpendiculaire sur AC.

QUESTIONNAIRE.

63. Démontrer que les côtés opposés d'un parallélogramme sont égaux, ainsi que les angles.

64. Démontrer que deux parallèles sont partout également distantes

65. Démontrer que, si deux côtés opposés d'un quadrilatère sont égaux et parallèles, la figure est un parallélogramme.

66. Démontrer que les deux diagonales d'un parallélogramme se coupent mutuellement en deux parties égales. En conclure que celles du losange sont perpendiculaires entre elles.

CHAPITRE II

Applications au dessin linéaire
et à l'arpentage.

DÉFINITIONS.

67. — Le *dessin linéaire* est l'art de représenter sur le papier les objets par des lignes. Les principaux instruments employés sont : la *règle*, le *compas*, l'*équerre* et le *rapporteur*.

68. — L'*arpentage* est l'art de mesurer les terrains. Cet art exige la mesure directe de droites et d'angles. Les principaux instruments d'observation sont : la *chaîne* d'arpenteur, l'*équerre* d'arpenteur, le *graphomètre*, la *boussole* et la *planchette*.

---

§ 1. — DE LA CIRCONFÉRENCE.

PROBLÈME I.

69. — *Tracer une circonférence d'un rayon donné.*
1° *Dessin linéaire.* On trace une circonférence de cercle sur le papier au moyen du *compas*. C'est un instrument (fig. 48) formé de deux branches, ordinairement en laiton et terminées par des pointes en acier. Les deux branches sont réunies sur un axe commun autour duquel elles peuvent tourner à frottement dur.

Pour tracer une circonférence d'un rayon donné, on arme une branche du compas d'un crayon ou d'un tire-ligne, puis on donne au compas une ouverture telle que la distance des deux pointes soit égale au rayon donné. On place ensuite au centre la pointe sèche du compas et on fait tourner la deuxième pointe autour de la première, en l'appliquant sur le papier.

2° *Arpentage.* On trace une circonférence sur le terrain avec un *cordeau* terminé par deux boucles que traversent deux piquets. On fixe un piquet au centre de la circonférence, et on fait tourner le deuxième piquet autour du premier en l'appliquant verticalement sur le terrain et en tendant le cordeau.

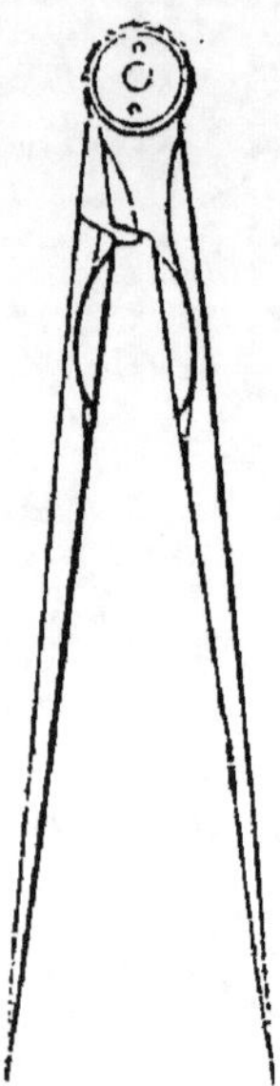

Fig. 48.

---

§ 2. — DES LIGNES DROITES.

PROBLÈME II.

Tracer une ligne droite passant par deux points donnés.

70. — 1° *Dessin linéaire.* On trace une ligne droite sur le papier au moyen d'une *règle.* C'est une petite planche ordinairement en bois dur et dont les faces doivent être planes. On applique la règle sur le papier, de manière qu'un des bords passe par les deux points donnés. On suit alors, d'un point à l'autre, le bord de la règle avec un crayon ou une plume.

VÉRIFICATION DE LA RÈGLE. Pour reconnaître si une règle est bonne, on peut tracer une droite MN (fig. 49) avec un crayon, la règle étant en ABCD. Ensuite on renverse la règle en ABC′D′ en la faisant tourner autour de AB comme charnière, et on trace une deuxième droite en suivant encore le bord AB de la règle. Si les deux droites se confondent, la règle est bonne.

Fig. 49.

On peut encore mener un rayon visuel le long d'un bord AB de la règle (fig. 50), d'une extrémité à l'autre ; si aucun point du bord ne s'écarte de la direction du rayon visuel, la règle est bonne.

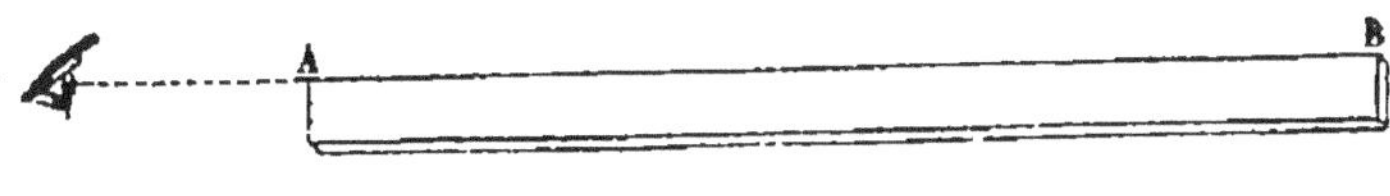

Fig. 50.

Autre usage de la règle. On peut, avec une règle, vérifier si une surface est plane. On applique un bord de la règle sur la surface dans différentes positions ; si le bord de la règle coïncide exactement avec la surface dans ces différentes positions, la surface est plane. C'est ainsi qu'on vérifie si la surface d'une planche est plane.

71. — 2° *Arpentage*. On ne trace pas en général des lignes droites sur le terrain. On se contente d'en déterminer quelques points à des intervalles convenables. Pour cela on fait usage de *jalons :* ce sont des tiges ordinairement en bois dur, pointues à l'extrémité inférieure, qui doit être enfoncée dans le sol, et terminées à l'extrémité supérieure par une petite plaque de carton ou de papier blanc qu'on nomme la *mire*. Pour jalonner une ligne droite déterminée par deux points, on fait d'abord planter un jalon dans le sol à chacun de ces deux points, puis on en fait planter d'autres, de manière que le premier couvre à l'œil la file de tous les autres (fig. 51). Il est bien évident qu'ils sont alors en ligne droite.

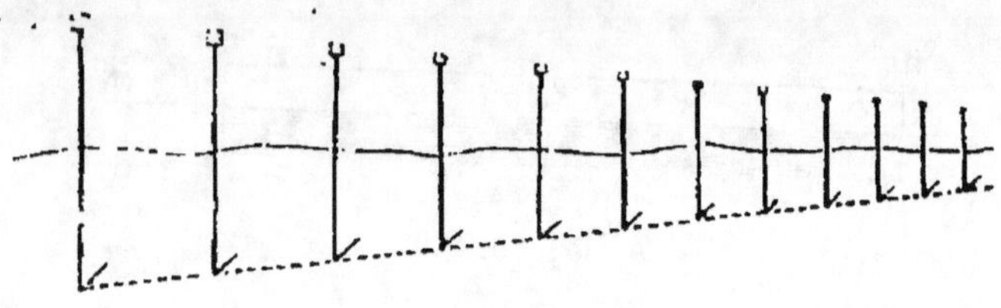

Fig. 51.

Les jalons doivent être plantés *verticalement*, c'est-à-dire parallèlement à la direction du fil à plomb.

72. — 3° *Méthode des charpentiers*. Pour tracer une ligne droite le long d'une planche avant de la scier, les *charpentiers* tendent entre ses deux extrémités un *cordeau* blanchi à la craie ; on le pince en l'écartant de la planche, puis on le laisse retomber ; la craie se dépose en traçant une ligne droite (fig. 52).

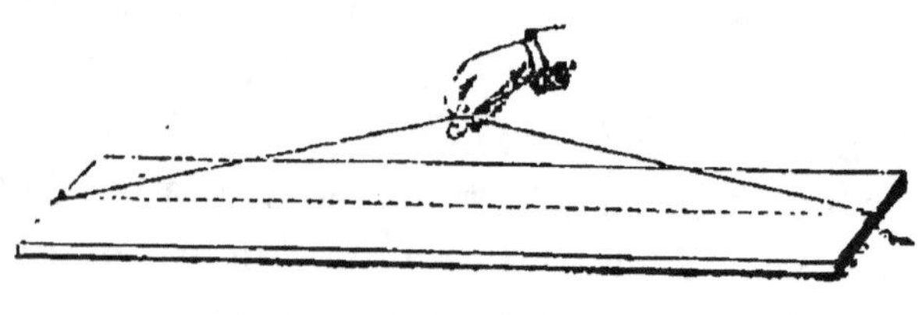

Fig. 52.

PROBLÈME III.

Mesurer une ligne droite.

73. — 1° *Dessin linéaire*. On mesure les lignes droites sur le papier au moyen du *double décimètre* ; c'est une règle plate de deux décimètres de longueur, taillée ordinairement en biseau et divisée en centimètres et en millimètres. La figure 53 représente en vraie grandeur un décimètre divisé en centimètres et en millimètres.

74. — Pour évaluer les dixièmes de millimètre, on fait

usage du *vernier*. C'est une petite règle qui peut glisser le long d'une autre règle divisée en millimètres. Elle a 9 millimètres de long et elle est divisée en 10 parties égales ; donc chaque division vaut 0,9 de millimètre, et il y a 0,1 de millimètre de différence entre une division de la règle et une division du vernier.

Soit AB (fig. 54) la fraction de millimètre à évaluer : on amène en A le zéro du vernier et on cherche quelle est la division du vernier qui coïncide avec une division de la règle. Supposons que ce soit la 6°. De ce point au point A il y a 6 divisions du vernier, et du même point au point B il y a 6 divisions de la règle ; donc AB égale la différence entre 6 divisions de la règle et 6 divisions du vernier, c'est-à-dire 6 fois la différence entre une division de la règle et une division du vernier, ou 0,6 de millimètre.

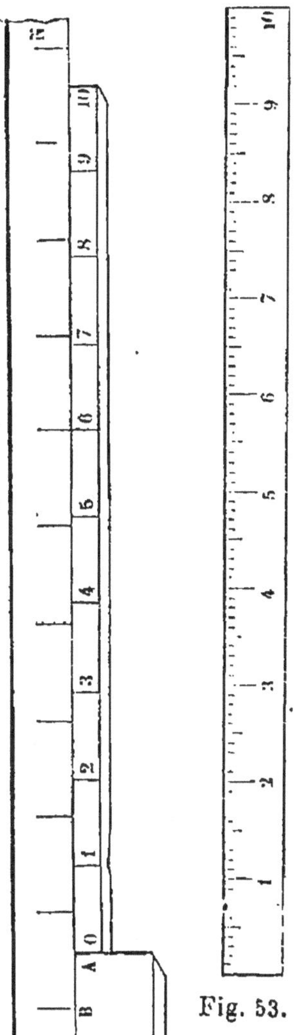

Fig. 53.

Fig. 54.

Dans la figure 54 la règle MN est divisée en centimètres, et la longueur du vernier vaut 9 centimètres ; donc chaque division du vernier vaut 0,9 de centimètre ou 9 millimètres, et il y a un millimètre de différence entre une division de la règle et une division du vernier, de sorte que AB égale en réalité 6 millimètres.

75. — 2° *Arpentage*. Pour mesurer une distance jalonnée, on emploie la *chaîne d'arpenteur*. C'est une chaîne qui a 10 mètres de long ; elle est formée de 10 chaînes de fer d'un mètre chacune, réunies par des anneaux de cuivre ; chacune de ces 10 chaînes est formée de 5 chaînons de 2 décimètres chacun, réunis par des anneaux de fer.

Fig. 55.

La figure 55 représente trois de ces chaînons avec une des deux poignées qui terminent la chaîne ; elle est réduite au 10°, c'est-à-dire que chaque chaînon vaut 2 centimètres.

Pour mesurer une droite avec cette chaîne, deux observateurs la portent autant de fois que possible sur la distance à mesurer. Le premier porte de plus un paquet de fiches, ce sont des tiges de fer pointues à un bout et terminées par un anneau à l'autre bout ; il les plante successivement en terre pour marquer l'extrémité de chaque décamètre, l'observateur les enlève à mesure. Supposons qu'il ait enlevé 12 fiches et qu'il y ait un reste contenant 8 anneaux de cuivre, plus 5 anneaux de fer, plus un demi-chaînon ; la longueur de la droite vaudra 12 décamètres ou 120 mètres, plus 8 mètres plus 5 fois 2 décimètres ou 6 décimètres, plus la moitié de 2 décimètres ou 1 décimètre, c'est-à-dire 128^m,7.

PROBLÈME IV.

76. — *Diviser une ligne droite* AB *en deux parties égales* (fig. 56).

1° *Dessin linéaire.* Du point A, comme centre, et d'un rayon *visiblement* plus grand que la moitié de AB, on décrit un arc de cercle. Du point B comme centre et du même rayon on en décrit un autre qui coupe le premier aux points C et D. On joint CD qui coupe AB en E ; ce point est le milieu de AB. En effet, le point C est également distant des deux points A et B, puisque CA et CB sont des rayons égaux ; donc il appartient à la perpendiculaire menée par le milieu de AB à AB. Il en est de même du point D. Mais quand on connaît deux points d'une droite, il suffit évidemment, pour la déterminer, de joindre ces deux points par une droite ; donc CD est la perpendiculaire menée par le milieu de AB, et par conséquent AE = EB.

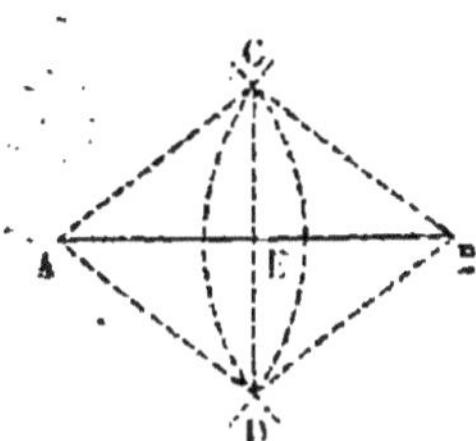

Fig. 56.

2° *Arpentage.* Sur le terrain on peut mesurer la droite avec la chaîne ; supposons qu'elle ait 25^m,6 de longueur. On prendra, à partir d'une extrémité, avec la chaîne, une distance égale à la moitié, 12^m,8.

On verra une deuxième méthode n° 81.

QUESTIONNAIRE.

67. Qu'est-ce que le dessin linéaire ?
68. Qu'est-ce que l'arpentage ?
69. Comment décrit-on sur le papier ou sur le terrain une circonférence de rayon donné ?
70. Comment trace-t-on, sur le papier, une ligne droite passant par deux points donnés ? Comment vérifie-t-on une règle ?
71. Comment jalonne-t-on une ligne droite ?
72. Comment les charpentiers tracent-ils une ligne droite sur une planche ?
73. Comment mesure-t-on une ligne droite sur le papier ?
74. Comment évalue-t-on les dixièmes de millimètre ?
75. Comment mesure-t-on les distances jalonnées ? Qu'est-ce que la chaîne d'arpenteur ?
76. Comment peut-on diviser une ligne droite en deux parties égales, sur le papier et sur le terrain ?

§ 3. — DES ANGLES.

PROBLÈME V.

Mesurer un angle donné.

77. — 1° *Dessin linéaire.* On mesure un angle sur le papier avec le *rapporteur.* C'est un demi-cercle APB (fig. 57) en cuivre ou en corne transparente. La demi-circonférence

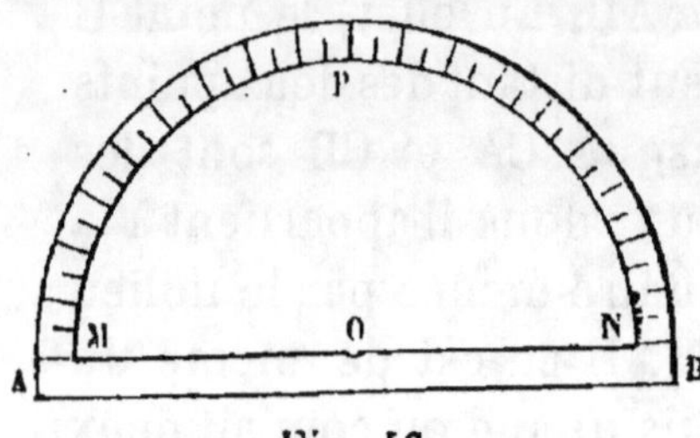

Fig. 57.

est divisée en degrés ou en demi-degrés. Le diamètre MN correspond aux divisions 0° et 180°, et le centre O est marqué sur la corne par un petit trou et sur le cuivre par une petite échancrure. Dans la figure 57, les traits de division sont marqués de 5° en 5°, excepté à l'extrémité N où l'on a tracé les divisions de degré en degré pour les 10 premiers.

Soit AOK (fig. 58) l'angle à mesurer. On place le rapporteur sur l'angle AOK de manière que le centre du rapporteur coïncide avec le sommet de l'angle, et le diamètre avec le côté OA. Le point de division

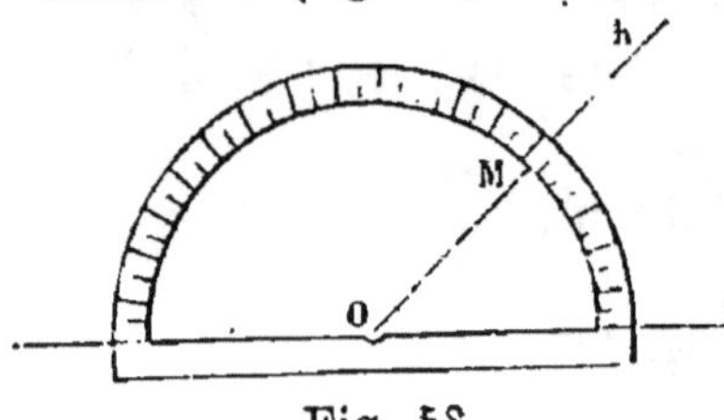

Fig. 58.

M par lequel passe le côté OK indique la mesure de l'angle AOK. Dans la figure l'angle AOK vaut 48° à 1° près.

78. — 2° *Arpentage*. On mesure un angle sur le terrain au moyen du *graphomètre*. C'est un demi-cercle en laiton (fig. 59) porté par un pied à trois branches et qu'un *genou à coquilles* permet de placer dans une position quelconque. Le genou à coquilles consiste en une sphère emboîtée entre deux coquilles qu'on peut serrer à volonté.

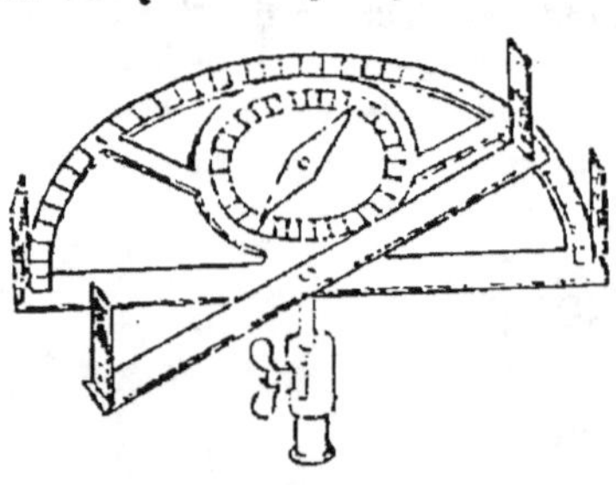

Fig. 59.

La demi-circonférence, qu'on nomme *limbe*, est divisée en degrés ou en demi-degrés ; elle porte deux *alidades* : ce sont des règles (fig. 60) aux extrémités desquelles s'élèvent deux petites plaques nommées *pinnules*. Chaque

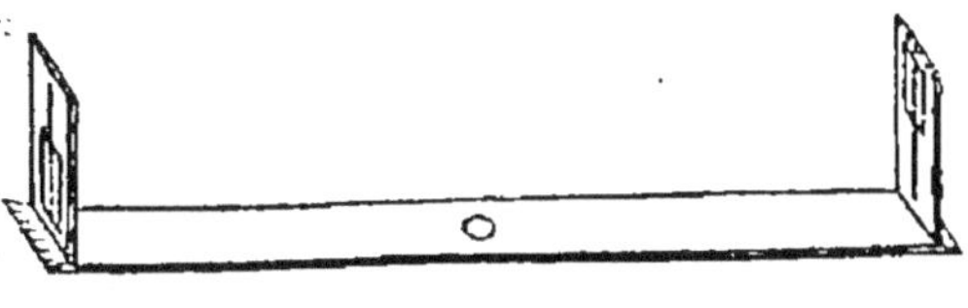

Fig. 60.

pinnule est munie d'une fente très-étroite qui fait suite à une ouverture rectangulaire au milieu de laquelle est un fil très-fin. La disposition de la fente et de l'ouverture est inverse sur les deux pinnules d'une même alidade. Une des alidades est fixe, et la ligne de visée menée du milieu de la fente d'une pinnule au fil de la pinnule opposée correspond au diamètre du limbe ; on la nomme *ligne de foi*. L'autre alidade est mobile autour du centre du limbe, et la ligne de visée menée d'une fente au fil opposé passe par ce centre.

Pour mesurer un angle avec le graphomètre, le centre du limbe étant au sommet de l'angle, on fait en sorte que le plan du limbe coïncide avec celui de l'angle, l'alidade fixe étant dirigée suivant un côté de l'angle ; on dirige ensuite l'alidade mobile suivant l'autre côté, et on lit sur le limbe l'arc intercepté par les deux alidades : cet arc est la mesure de l'angle.

Dans le cas où l'angle donné AOB (fig. 61) est tracé sur

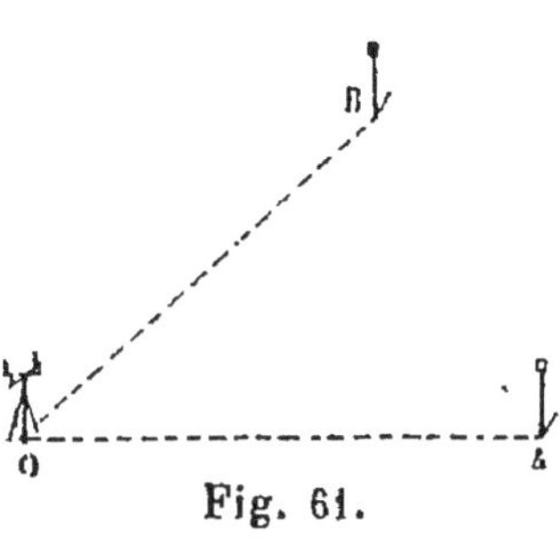

Fig. 61.

le terrain, que nous supposerons toujours horizontal ou à peu près, on fait planter deux jalons en A et en B s'il n'y a aucun signal dans la direction des côtés OA et OB, puis on dispose le graphomètre de manière que le limbe soit aussi horizontal, son centre étant au-dessus du sommet de l'angle et la ligne de foi étant dirigée vers le jalon A. On dirige ensuite l'alidade mobile vers le jalon B, et l'angle des deux alidades est égal à l'angle donné AOB.

Pour évaluer les minutes, l'alidade mobile porte un *vernier circulaire*. C'est un petit arc qui peut glisser sur le limbe du graphomètre, divisé alors en demi-degrés. La longueur du vernier vaut généralement 29 divisions du graphomètre et elle est divisée en 30 parties égales. Donc, chaque division du vernier vaut $\frac{29}{30}$ de $\frac{1}{2}$ degré, c'est-à-dire $\frac{29}{60}$ de degré ou 29 minutes, et il y a une différence d'une minute entre une division du graphomètre et une division du vernier. De plus, le zéro du vernier est sur la ligne de visée menée par l'alidade mobile.

Supposons qu'un arc compris entre les côtés d'un angle contienne un nombre exact de demi-degrés comptés à droite de A (fig. 62), plus l'arc AO. Le zéro du vernier

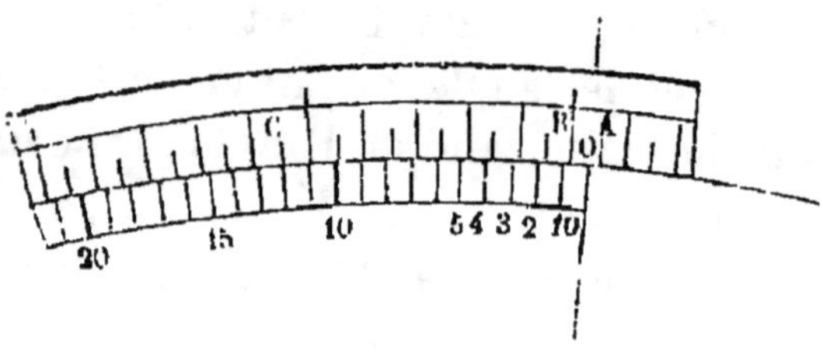

répond à l'ex-trémité O de l'arc. On cher-che quelle est la division du ver-nier qui coïnci-de avec une di-

Fig. 62.

vision du limbe ; supposons que ce soit la 12° en C. De ce point au point A il y a 12 divisions du limbe, et du même point au point O il y a 12 divisions du vernier ; donc AO égale la différence entre 12 divi-sions du limbe et 12 divisions du vernier, c'est-à-dire 12 fois la différence entre une division du limbe et une division du vernier ou 12 minutes.

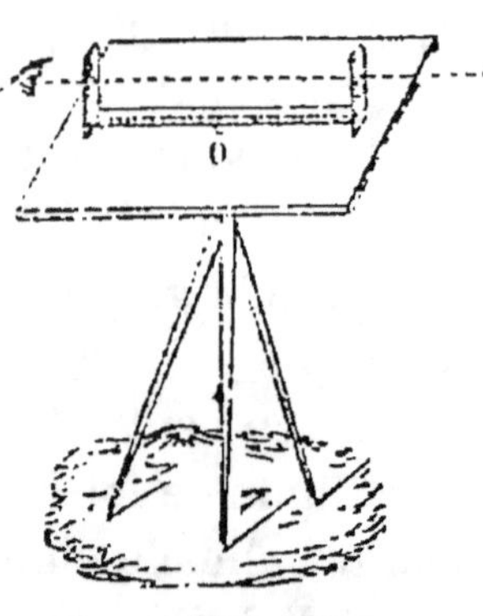

Fig. 63.

Quand on n'a pas besoin d'une grande précision, on peut mesu-rer les angles sur le terrain avec la *planchette*. C'est une petite planche (fig. 63) portée par un pied à trois branches et qu'un genou à coquilles permet de placer dans une position quelconque. Elle est accompagnée d'une alidade libre semblable à celle du graphomètre. La ligne de visée menée de la fente d'une pinnule au fil de la pinnule opposée passe par un des deux bords de cette alidade. Soit AOB (fig. 61) l'angle à mesurer. On colle sur la planchette les bords d'une feuille de papier bien tendue, et on marque un point O sur le papier pour représenter le sommet de l'angle ; on fixe souvent une aiguille à ce point. On dispose ensuite la planchette horizontalement, de manière que le point O soit au-dessus du sommet de l'angle (*). On applique le bord de l'alidade contre l'aiguille, on la tourne autour de l'aiguille, de manière à viser le jalon A, et on trace une droite sur le papier en suivant avec un crayon ou un tire-ligne le bord de l'alidade. On dirige de même l'alidade vers le jalon B, et on trace une seconde droite sur le papier. Il reste à mesurer avec le rapporteur l'angle obtenu sur le papier.

On peut encore mesurer les angles sur un terrain horizontal ou à peu près au moyen de la *boussole*.

C'est une aiguille aimantée COD (fig. 64) renfermée dans

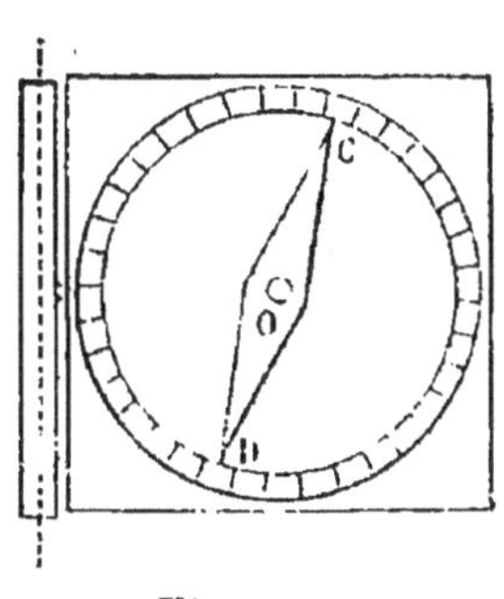

Fig. 64.

une boîte carrée recouverte d'un verre et portée par un pied à trois branches. L'aiguille, mobile sur un pivot au centre d'un cadran divisé en degrés, a une direction constante, quelle que soit la position horizontale du cadran. Sur un côté de la boîte est une lunette ou un tube terminé par deux cercles percés au centre d'une petite ouverture. La ligne

---

(*) Cette condition est remplie quand une petite pierre qu'on abandonne à elle-même de dessus le point O tombe au sommet de l'angle ; et la planchette est horizontale quand une petite bille, qu'on place dessus, y reste en repos.

O... 180 du cadran est parallèle au côté de la boîte qui porte la lunette. Soit encore AOB (fig. 61) l'angle à mesurer ; on dispose la boussole de manière que le cadran soit horizontal, son centre étant au-dessus du sommet de l'angle et la lunette étant dirigée vers le jalon A ; on note à quelle division du cadran répond l'extrémité C de l'aiguille, puis on fait tourner la boîte dans son plan de manière à viser le point B avec la lunette, et on note à quelle nouvelle division du cadran répond l'extrémité de l'aiguille ; l'arc parcouru par cette extrémité mesure évidemment l'angle AOB.

PROBLÈME VI.

Faire en un point E *d'une droite* ED *un angle égal à un angle donné* BAC (fig. 65).

79. — 1° *Dessin linéaire.* Du point A comme centre et d'un rayon quelconque on décrit un arc de cercle BC compris entre les côtés de l'angle. Du point E comme centre et du même rayon on décrit un arc DG, puis du point D comme centre et d'un rayon égal à la corde BC, on décrit un arc qui coupe DG en F ; on joint EF, et l'angle DEF est égal à l'angle BAC, car les deux triangles ABC, DEF sont égaux comme ayant les trois côtés égaux chacun à chacun.

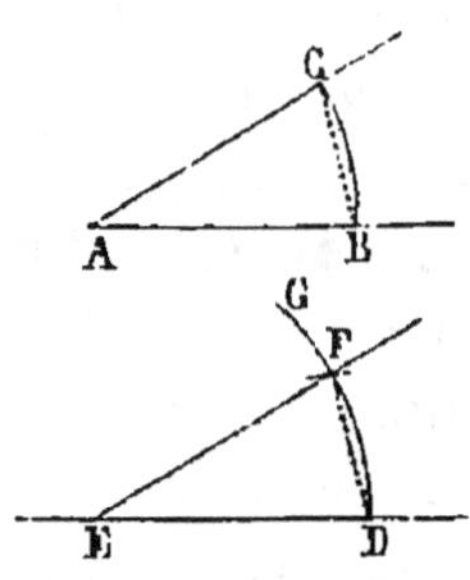

Fig. 65.

Quand on connaît la valeur numérique de l'angle, on emploie le rapporteur. Ainsi supposons qu'on veuille mener par le point O de la droite OA (fig. 58) une droite qui fasse avec OA un angle de 48°. On place le centre du rapporteur au point O, de manière que son diamètre coïncide avec OA, puis on cherche sur le rapporteur l'extrémité M de l'arc de 48° et on marque ce point. On trace la droite OM, et l'angle AOM est l'angle demandé.

80.—2° *Arpentage.* Sur le terrain on emploie le graphomètre. Supposons qu'on veuille mener par le point O de la droite jalonnée OA (fig. 61) une droite faisant avec OA un angle de 48°. On dispose le graphomètre de manière que son limbe soit horizontal, son centre étant au-dessus du point O et la ligne de foi étant dirigée vers le jalon A. On fait tourner l'alidade mobile jusqu'à ce que l'angle des deux alidades soit égal à 48°, et on fait planter un jalon B dans la direction de l'alidade mobile ; l'angle AOB est alors égal à l'angle des deux alidades, c'est-à-dire à 48°.

On pourrait aussi employer la planchette ou la boussole.

81.—Conséquence. La solution du problème précédent fournit un moyen assez simple de diviser en deux parties égales une droite jalonnée BC (fig. 66). On place le graphomètre au-dessus du point B et on fait un angle quelconque CBA, puis on le transporte au-dessus du point C et on fait en ce point un angle BCA = CBA ; soit A le point de concours des deux droites. L'angle BAC est connu, car il est le supplément de B + C ; on divise cet angle en deux parties égales. Si, par exemple, B = 60°, on a B + C = 120°, et par conséquent, A = 100° ; on fait alors au point A un angle BAD de 50° ; le point D sera le milieu de BC. En effet, les deux triangles ABD, ACD ont deux angles égaux chacun à chacun ; donc le troisième angle ADB de l'un est égal au troisième angle ADC de l'autre, et les deux triangles sont égaux comme ayant un côté égal AD adjacent à deux angles égaux chacun à chacun; donc BD = DC.

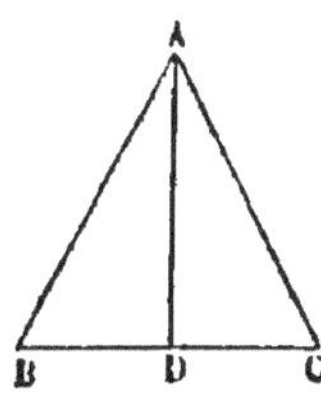

Fig. 66.

§ 4. — CONSTRUCTION D'UN TRIANGLE.

PROBLÈME VII.

82. — *Construire un triangle, connaissant deux côtés et l'angle qu'ils comprennent.*

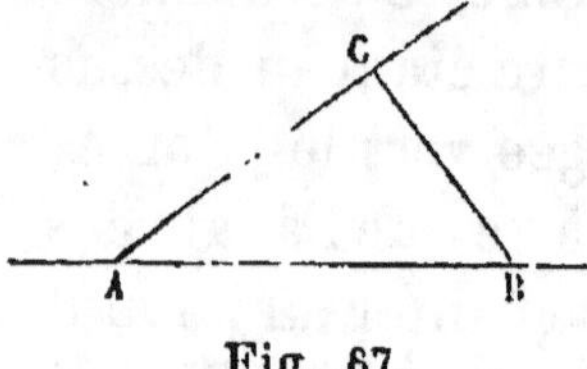

Fig. 67.

On prend une droite AB (fig. 67) d'une longueur égale à un côté donné, on fait au point A un angle BAC égal à l'angle donné et on prend la droite AC d'une longueur égale à l'autre côté. Puis on trace la droite BC, et le triangle ABC est le triangle demandé.

PROBLÈME VIII.

83. — *Construire un triangle, connaissant un côté et les deux angles adjacents.*

On prend une droite AB (fig. 67) d'une longueur égale au côté donné, puis on fait au point A un angle égal à un des angles donnés, et au point B un angle égal à l'autre angle. Le triangle ABC satisfait à la question.

Pour que le problème soit possible, il faut que la somme des deux angles donnés soit moindre que 180° : car, comme on l'a démontré (théorème XX, p. 29), la somme des trois angles d'un triangle est égale à deux angles droits, c'est-à-dire 180°.

PROBLÈME IX.

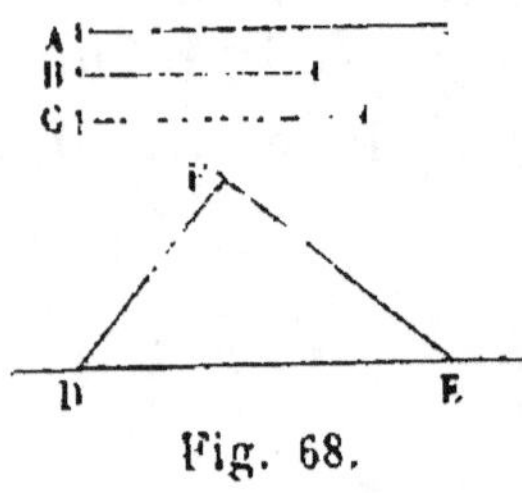

Fig. 68.

84. —*Construire un triangle, connaissant les trois côtés A, B, C (fig. 68).*

On prend une droite DE d'une longueur égale à un côté A. Du point D comme centre et d'un rayon égal à un autre côté B on décrit un arc de cercle, puis du point E comme centre et d'un rayon égal au troisième côté C on décrit un autre arc de cercle qui coupe le premier en F. On trace DF,EF, et le triangle DEF satisfait à la question.

Pour que le problème soit possible, il faut que chaque côté donné soit moindre que la somme des deux autres.

QUESTIONNAIRE.

77. Comment mesure-t-on un angle sur le papier ? Qu'est-ce que le rapporteur ?

78. Comment mesure-t-on un angle sur le terrain avec le graphomètre, la planchette, la boussole ?

79. Comment fait-on sur le papier un angle égal à un angle donné ?

80. Comment fait-on, sur le terrain, un angle égal à un angle donné ?

81. Comment peut-on diviser en deux parties égales une droite jalonnée ?

82. Comment construit-on un triangle, connaissant deux côtés et l'angle qu'ils comprennent ?

83. Comment construit-on un triangle connaissant un côté et les deux angles adjacents ? Le problème est-il toujours possible ?

84. Comment construit-on un triangle, connaissant les trois côtés ? Le problème est-il toujours possible ?

§ 5. — DES PERPENDICULAIRES.

PROBLÈME X.

Par un point donné sur une droite, mener une perpendiculaire à cette droite.

85. — 1° *Dessin linéaire.* Soit A (fig. 69), le point donné sur la droite BC. On prend, avec le compas, à partir du point A, deux distances égales AB, AC ; puis du point B comme centre et d'un rayon plus grand que BA, on décrit un arc de cercle ; du point C comme centre et du même rayon, on en décrit un autre ; ces deux arcs se coupent en D, on joint AD qui est la perpendiculaire demandée. En effet, le point D, étant également

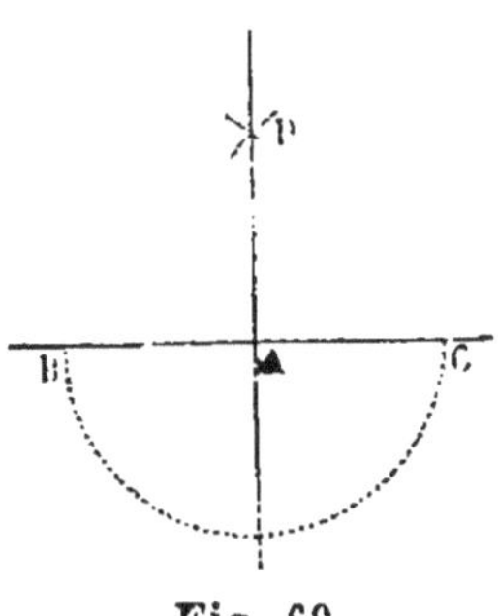

Fig. 69.

distant des deux points B et C, appartient à la perpendiculaire menée par le point A à BC. Or, quand on connaît deux points d'une droite, il suffit, pour la déterminer, de joindre ces deux points par une droite ; donc AD est la droite cherchée.

3.

Pour mener par un point d'une droite une perpendiculaire à cette droite, on peut employer le rapporteur, car le problème consiste à faire en un point d'une droite un angle de 90°; mais on emploie ordinairement l'*équerre*. C'est une petite planche triangulaire dont deux bords sont perpendiculaires entre eux. Soit E le point donné sur la droite BC (fig. 70). On place un côté de l'angle droit de l'équerre

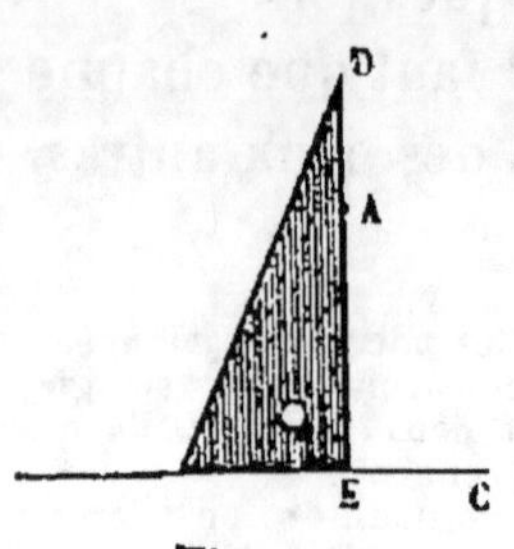

Fig. 70.

sur BC, de manière que le sommet soit en E, et on suit avec un crayon ou un tire-ligne l'autre côté de l'équerre.

On applique souvent le bord d'une règle sur la droite BC et on fait glisser un bord de l'équerre sur celui de la règle, jusqu'à ce que son sommet soit au point donné E.

86. — Remarque. C'est la même construction pour abaisser, d'un point A, une perpendiculaire sur une droite BC (fig. 70). On fait glisser le bord de l'équerre sur celui de la règle jusqu'à ce que l'autre bord passe par le point A, et l'on suit ce bord avec un crayon ou un tire-ligne.

87. — Vérification de l'équerre. Pour reconnaître si une équerre est bonne, on applique sur une droite BC (fig. 71) un bord GE de l'équerre et on trace une droite en suivant l'autre bord DE. Puis on retourne l'équerre en DEG', de manière que le sommet soit toujours en E et que le bord EG soit en EG', et on trace une deuxième droite; les deux droites doivent se

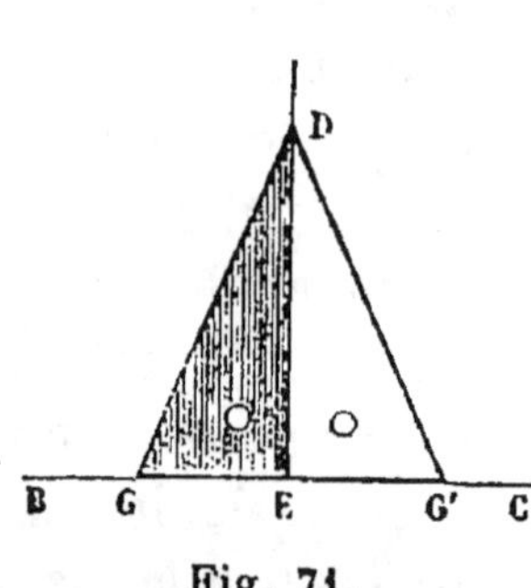

Fig. 71.

confondre, car si l'équerre est bonne, c'est-à-dire si la première droite tracée DE est perpendiculaire à GE, l'angle DEB doit être égal à l'angle DEC, et ils doivent coïncider.

88. — 2° *Arpentage*. On peut élever les perpendiculaires sur le terrain au moyen du graphomètre; mais on emploie de préférence l'*équerre d'arpenteur* (fig. 72).

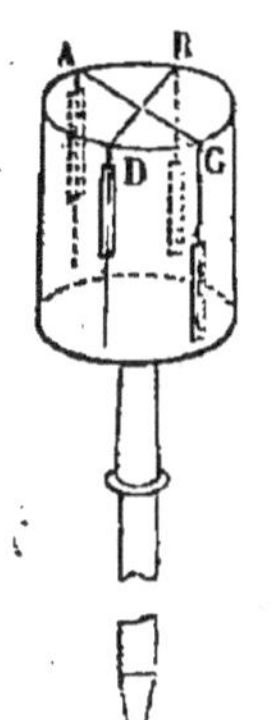

C'est une boîte à bases circulaires ou octogonales en laiton; elle est vissée sur un pied que termine une pointe de fer destinée à être enfoncée dans le sol, et elle est munie latéralement de quatre ouvertures semblables à celles des pinnules des alidades; ces ouvertures sont telles que les deux lignes de visée menées du milieu d'une fente au fil de l'ouverture opposée sont perpendiculaires entre elles.

Fig. 72.

Soit O le point donné sur la droite jalonnée MN (fig. 73); on plante le pied de l'équerre en O dans une position verticale, puis on tourne l'équerre de manière que la ligne de visée menée d'une fente au fil opposé passe par le jalon M. La ligne de visée menée par les deux autres ouvertures donne alors la direction de la perpendiculaire. On fait planter par un aide un jalon P

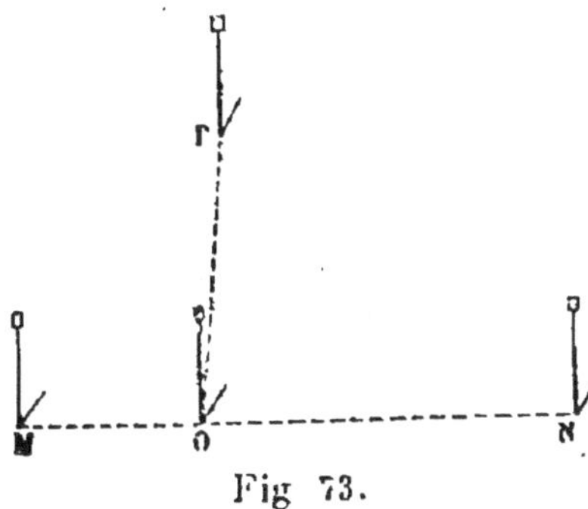

Fig 73.

dans cette direction, et OP est la perpendiculaire cherchée.

89.—VÉRIFICATION DE L'ÉQUERRE. Pour reconnaître si l'équerre est bonne, c'est-à-dire si OP (fig. 73) est perpendiculaire sur MN, on fait faire à l'équerre un quart de tour, de manière que le rayon visuel qui était dirigé suivant OP soit dirigé suivant ON, celui qui était dirigé suivant OM doit être dirigé suivant OP, car l'angle POM doit être égal à l'angle NOP, et ils doivent coïncider.

90.—Quand la perpendiculaire à tracer est très-courte, on peut employer un *cordeau* terminé par deux boucles que traversent deux piquets. On s'en sert comme d'un compas sur le papier.

PROBLÈME XI.

Par un point donné hors d'une droite, mener une perpendiculaire à cette droite.

91.—1° *Dessin linéaire.* Soit A le point donné hors de la droite BC (fig. 74). Du point A et d'un rayon suffisam-

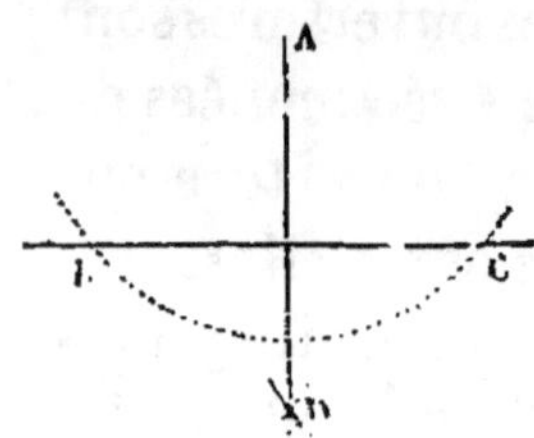

Fig. 74.

ment grand on décrit un arc de cercle qui coupe la droite en deux points B et C. De ces points comme centres et d'un rayon *visiblement* plus grand que la moitié de BC, on décrit deux arcs de cercle qui se coupent en D ; on joint AD qui est la perpendiculaire demandée. En effet, le point A étant, de même que le point D, également distant des deux points B et C, appartiennent tous deux à la perpendiculaire menée à BC par le milieu de BC ; mais quand on connaît deux points d'une droite, il suffit, pour la déterminer, de joindre ces deux points par une droite ; donc AD est la perpendiculaire demandée.

Pour résoudre ce problème, on emploie ordinairement l'équerre, comme nous l'avons vu précédemment, n° 86.

92.—2° *Arpentage.* Sur le terrain, on emploie généralement l'équerre d'arpenteur. Soit P le point donné hors de la droite jalonnée MN (fig. 75). On fait planter un jalon à ce point, s'il n'y a aucun signal, puis avec l'équerre on cherche par le tâtonnement, sur la ligne MN, un point O tel qu'une ligne de visée étant dirigée suivant MN, la ligne de visée perpendiculaire passe par le jalon P. OP est alors la perpendiculaire à MN.

On peut aussi faire usage du graphomètre. Soient O le point donné et MN la droite donnée (fig. 75). On place l'instrument au-dessus d'un point K de MN et on mesure l'angle OKP. Puis on transporte l'instrument au-dessus du point

O et on fait un angle KOP qui soit le complément de

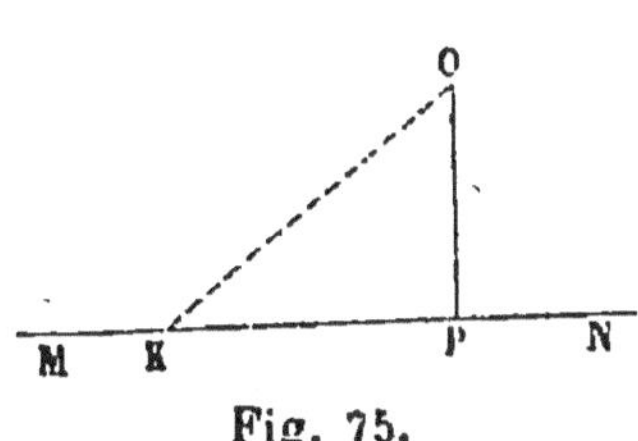

Fig. 75.

OKP; si, par exemple, l'angle OKP vaut 36°, on fait un angle KOP égal à 90° — 36° ou 54°. La droite OP est alors perpendiculaire à MN. En effet, la somme des trois angles du triangle OKP égale deux angles droits ; or la somme des deux angles OKP, KOP égale un angle droit, donc le troisième angle OPK est droit, c'est-à-dire que OP est perpendiculaire à MN.

93. — Quand la perpendiculaire à tracer est très-courte, on peut employer un cordeau. On s'en sert comme du compas sur le papier.

---

§ **6.** — DES PARALLÈLES.

PROBLÈME XII.

Mener par un point A *une parallèle à une droite* BC.

94. - *Dessin linéaire*. Du point A (fig. 76), on mène une droite quelconque AC, puis on fait au

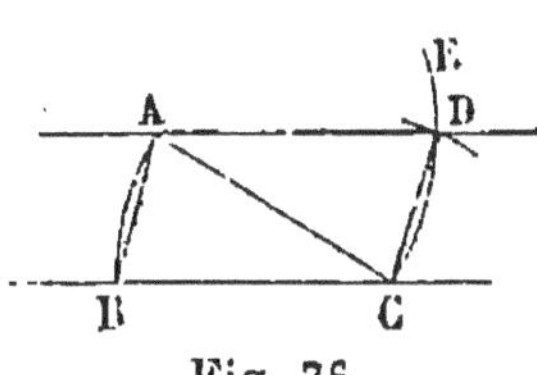

Fig. 76.

point A un angle CAD égal à l'angle ACB; AD sera parallèle à BC, parce que les angles alternes-internes sont égaux.

REMARQUE. Les constructions nécessaires pour faire avec le compas l'angle CAD égal à ACB sont indiquées sur la figure 76 : du point C comme centre et du rayon CA on a décrit l'arc AB, puis du point A comme centre et du même rayon on a décrit l'arc CDE. Enfin du point C comme centre et d'un rayon égal à la corde AB on a décrit un autre arc de cercle qui coupe

CDE en D, et on a joint AD. Les deux triangles ABC, ACD sont égaux comme ayant les trois côtés égaux chacun à chacun ; or dans les triangles égaux, aux côtés égaux sont opposés des angles égaux ; donc l'angle CAD = ACB.

On emploie ordinairement l'équerre : on place, par exemple, l'hypoténuse de l'équerre sur la droite BC (fig. 77), et on applique une règle MN contre le bord DK de l'équerre ; puis on fait glisser l'équerre le long de la règle jusqu'à ce que son hypoténuse passe par le point A. On suit alors cette hypoténuse avec un crayon ou un tire-ligne, et la droite obtenue D'E' est parallèle à BC à cause de l'égalité des angles correspondants EDK, E'D'K'.

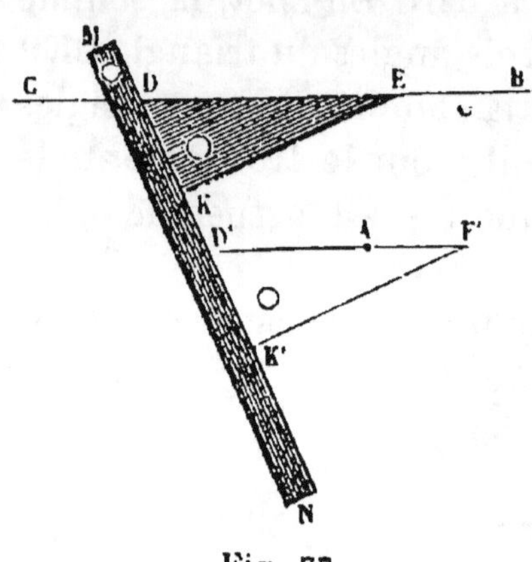

Fig. 77.

95. — *Arpentage.* Sur le terrain on peut employer le graphomètre. On le place au-dessus d'un point C de BC (fig. 76), et on mesure l'angle ACB ; puis on plante un jalon en C, on transporte l'instrument au-dessus de A, et on fait un angle CAD = ACB ; la droite AD est parallèle à BC à cause de l'égalité des angles alternes-internes.

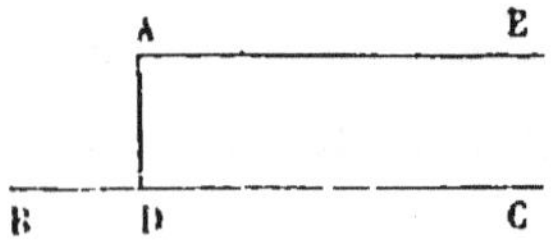

On emploie plus souvent l'équerre d'arpenteur : du point A (fig. 78) on mène AD perpendiculaire à BC, puis AE perpendiculaire à AD ; AE sera parallèle à BC, car ces deux droites sont perpendiculaires à une troisième.

Fig. 78.

QUESTIONNAIRE DES §§ 5 ET 6.

85. Comment, par un point donné sur une droite, mène-t-on une perpendiculaire à cette droite avec la règle et le compas, avec le rapporteur, avec l'équerre ?

87. Comment vérifie-t-on une équerre ?

88. Comment élève-t-on une perpendiculaire sur le terrain avec l'équerre d'arpenteur ?

89. Comment vérifie-t-on une équerre d'arpenteur ?

91 et 86. Comment, par un point donné hors d'une droite, mène-t-on une perpendiculaire à cette droite, avec la règle et le compas, avec l'équerre ?

92. Comment abaisse-t-on une perpendiculaire sur le terrain avec l'équerre d'arpenteur, avec le graphomètre ?

90 et 93. Comment mène-t-on les perpendiculaires sur le terrain quand elles sont très-courtes ?

94. Comment mène-t-on, par un point donné, une parallèle à une droite donnée, avec la règle et le compas ou l'équerre ?

95. Comment mène-t-on une parallèle sur le terrain avec le graphomètre, avec l'équerre d'arpenteur ?

CHAPITRE III

De la circonférence de cercle.

---

§ 1. — PROPRIÉTÉS DES CORDES, DES SÉCANTES ET DES

TANGENTES.

DÉFINITIONS.

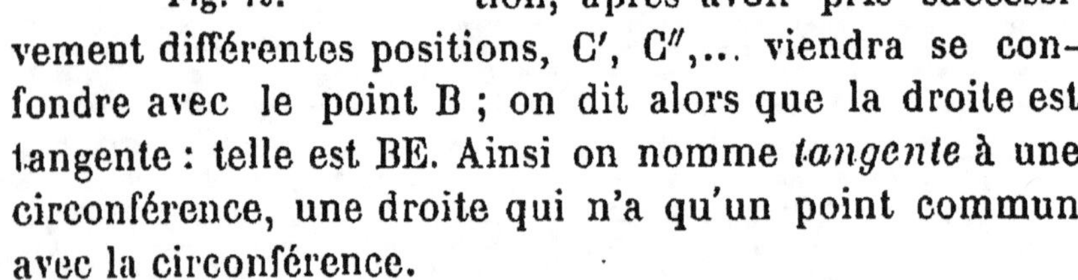

Fig. 79.

96. — On nomme *sécante* à une circonférence de cercle une droite telle que AD qui la rencontre en deux points B et C (fig. 79).

97. — Si l'on imagine que la sécante AD tourne autour du point B, le point C d'intersection, après avoir pris successivement différentes positions, C′, C″,… viendra se confondre avec le point B ; on dit alors que la droite est tangente : telle est BE. Ainsi on nomme *tangente* à une circonférence, une droite qui n'a qu'un point commun avec la circonférence.

THÉORÈME I.

98. — *Dans le même cercle ou dans des cercles égaux, quand deux arcs AB, A′B′ (fig. 80) sont égaux, les cordes AB, A′B′ qui les sous-tendent sont égales.*

En effet, joignons AC, CB, A'C', C'B' ; puisque l'arc

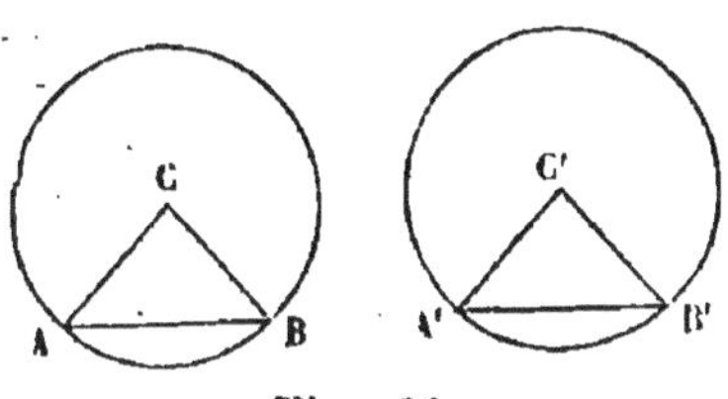

Fig. 80.

AB = l'arc A'B', on a l'angle ACB = l'angle A'C'B' (n. 40), donc les deux triangles ACB, A'C'B' sont égaux comme ayant un angle égal compris entre deux côtés égaux chacun à chacun, et par conséquent AB = A'B'.

THÉORÈME II.

99. — *Dans le même cercle ou dans des cercles égaux, quand deux cordes AB, EF (fig. 81) sont égales, elles sont également éloignées du centre.*

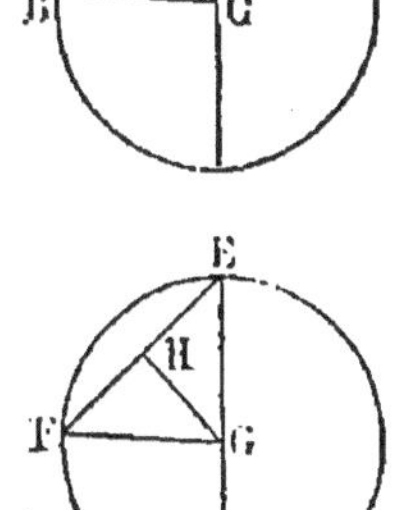

Fig. 81.

Joignons CA, CB, GE, GF ; les deux triangles ABC, FGE sont égaux comme ayant les trois côtés égaux chacun à chacun ; donc on peut les appliquer l'un sur l'autre : la perpendiculaire GH coïncide évidemment alors avec la perpendiculaire CD, puisque d'un point hors d'une droite on ne peut mener qu'une perpendiculaire à cette droite ; donc GH = CD. C'est ce qu'il fallait démontrer.

THÉORÈME III.

100. — *Le rayon CD (fig. 82), perpendiculaire à une corde AB, divise cette corde et l'arc sous-tendu chacun en deux parties égales.*

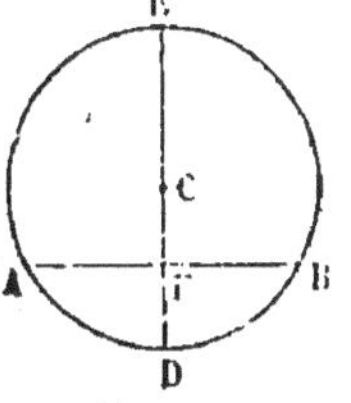

Fig. 82.

Si l'on fait tourner le demi-cercle DBE autour du diamètre DE, les angles CFB, CFA étant égaux comme droits, FB prendra la direction FA et le point B tombera quelque part sur FA ; mais les deux demi-cercles coïncident (n. 37), donc le point B tombe aussi sur la demi-circonférence DAE, et par conséquent il tombe au point A d'intersection ; donc

$$FB = FA \text{ et l'arc } BD = \text{l'arc } DA.$$

THÉORÈME IV.

101. — *La perpendiculaire BD (fig. 83) menée à l'extrémité A d'un rayon AC est tangente à la circonférence.*

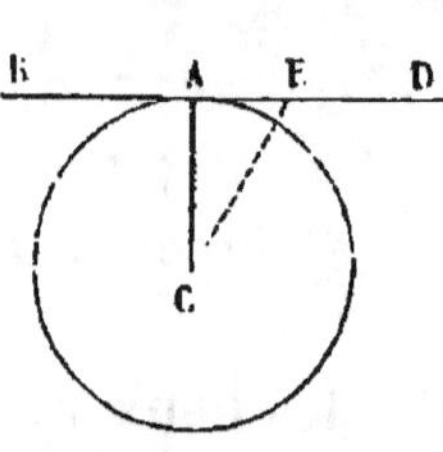

Fig. 83.

En effet, joignons au centre C un point quelconque E de la perpendiculaire, CE est une oblique ; donc elle est plus grande que la perpendiculaire CA, c'est-à-dire plus grande que le rayon ; donc le point E est extérieur à la circonférence. Donc la perpendiculaire BD n'a que le point A commun avec la circonférence, donc elle est tangente.

§ **2.** — MESURE DES ANGLES.

DÉFINITIONS.

102. — On nomme *angle inscrit* dans un cercle, un angle dont le sommet est sur la circonférence.

103. — Un *segment* de cercle est la partie de la surface du cercle comprise entre un arc et sa corde.

THÉORÈME V.

104. — *Un angle ABC, inscrit dans un cercle, a pour mesure la moitié de l'arc AC compris entre ses côtés.* Supposons d'abord qu'un côté BC de l'angle passe par le centre (fig. 84) ; joignons AO. L'angle AOC extérieur au triangle AOB est égal à la somme des deux angles intérieurs opposés A et B (n. 61, 1ʳᵉ remarque) ; mais ils sont égaux, car le triangle AOB est isocèle ; donc l'angle AOC est le double de l'angle B ; or l'angle AOC a pour mesure l'arc AC compris entre ses côtés (n. 40, 2ᵉ conséquence) ; donc l'angle B a

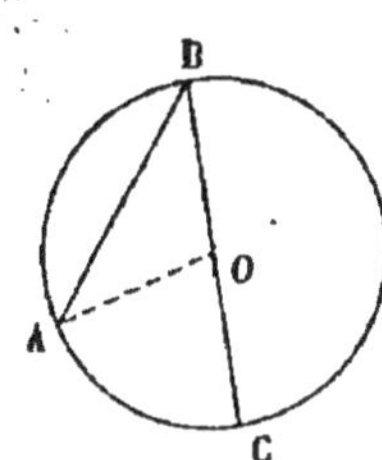

Fig. 84.

pour mesure la moitié de l'arc AC. Si, par exemple, l'arc AC vaut 80°, l'angle AOC = 80° et l'angle B = 40°.

Supposons maintenant que le centre O (fig. 85) soit entre les côtés de l'angle ; menons le diamètre BD. L'angle ABD a pour mesure la moitié de l'arc AD et l'angle DBC a pour mesure la moitié de l'arc CD ; donc l'angle total ABC a pour mesure la moitié de l'arc AD, plus la moitié de l'arc CD, c'est-à-dire la moitié de l'arc total AC. Si, par exemple, l'arc AD vaut

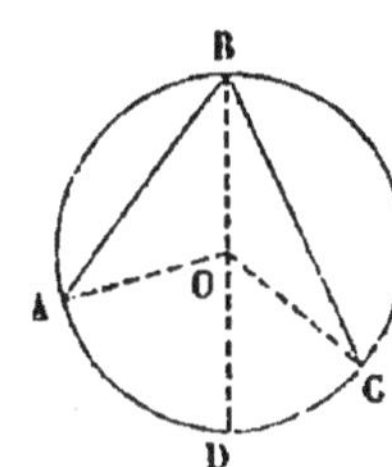

Fig. 85.

80° et l'arc CD 60°, l'arc AC vaudra 80° + 60° ou 140° et l'angle ABC vaudra 40° + 30° ou 70°.

Supposons enfin que le centre O (fig. 86) soit extérieur à l'angle ABC ; menons encore le diamètre BD. L'angle ABD a pour mesure la moitié de l'arc AD, et l'angle CBD a pour mesure la moitié de l'arc CD ; donc leur différence ABC a pour mesure la moitié de l'arc AD, moins la moitié de l'arc CD, c'est-à-dire la moitié de l'arc AC. Si, par exemple, l'arc

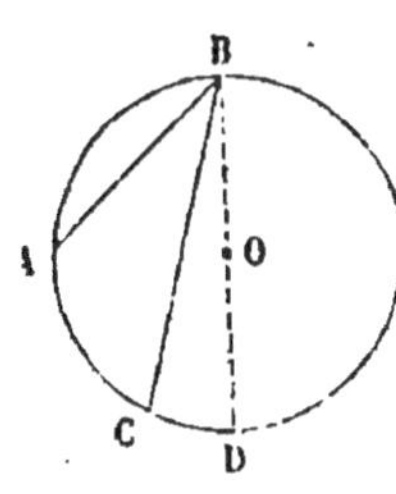

Fig. 86.

AD vaut 100° et l'arc CD 30°, l'arc AC = 100° — 30° ou 70°, et l'angle ABC = 50° — 15° ou 35°.

105. — Conséquence. Tous les angles ACB, ADB, AEB

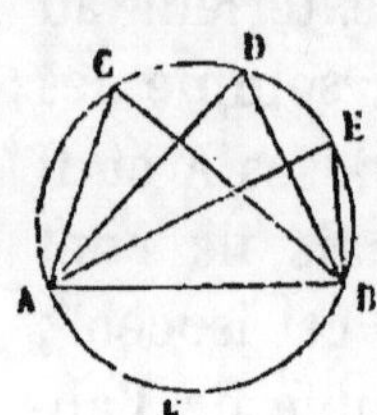

Fig. 87.

(fig. 87) inscrits dans le même segment sont égaux, car ils ont tous pour mesure la moitié de l'arc AKB compris entre leurs côtés.

Tout angle inscrit dans un demi-cercle est un angle droit, car il a pour mesure la moitié d'une demi-circonférence ou un quart de circonférence.

QUESTIONNAIRE DES §§ 1 ET 2.

96. Qu'est-ce qu'une sécante à une circonférence ?

97. Qu'est-ce qu'une tangente ?

98. Démontrer que, dans le même cercle ou dans des cercles égaux, les cordes qui sous-tendent des arcs égaux sont égales.

99. Démontrer que, dans le même cercle ou dans des cercles égaux, les cordes égales sont également éloignées du centre.

100. Démontrer que le rayon perpendiculaire à une corde divise cette corde et les deux arcs sous-tendus, chacun en deux parties égales.

101. Démontrer que la perpendiculaire menée à l'extrémité d'un rayon est tangente à la circonférence.

102. Qu'est-ce qu'un angle inscrit dans un cercle ?

103. Qu'est-ce qu'un segment de cercle ?

104. Démontrer qu'un angle inscrit a pour mesure la moitié de l'arc compris entre ses côtés.

105. En conclure que tous les angles inscrits dans le même segment sont égaux, et que tout angle inscrit dans un demi-cercle est droit.

---

§ 3. — DES CIRCONFÉRENCES TANGENTES.

DÉFINITIONS.

106. — On nomme *circonférences tangentes* deux circonférences qui n'ont qu'un point commun.

Elles sont tangentes extérieurement quand tous les autres points de chacune sont extérieurs à l'autre ; et elles sont tangentes intérieurement quand tous les autres points de l'une sont intérieurs à l'autre.

THÉORÈME VI.

107. — *Si l'on prend un point A sur un rayon CB d'un cercle* (fig. 88), *et si de ce point comme centre on décrit une circonférence de cercle avec le rayon AB tel que la distance AC des centres égale la différence CB — AB des rayons, cette circonférence sera tangente au cercle donné*

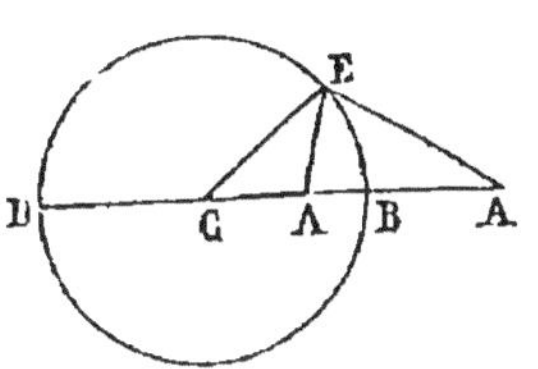

Fig. 88.

Prenons un point quelconque E sur la circonférence du cercle donné, et joignons EA, EC. On a

$$AE + AC > CE$$

ou

$$AE + AC > AB + AC$$

d'où

$$AE > AB$$

Donc le point E est extérieur à la circonférence décrite du point A comme centre avec AB pour rayon. Il en serait de même de tout autre point différent du point B; donc les deux circonférences sont tangentes intérieurement en B.

THÉORÈME VII.

108. — *Si l'on prend un point A'* (fig. 88) *sur le prolongement d'un rayon CB d'un cercle, et si de ce point comme centre on décrit une circonférence de cercle avec le rayon A'B, tel que la distance A'C des centres égale la somme A'B + BC des rayons, cette circonférence sera tangente au cercle donné.*

Prenons un point quelconque E sur la circonférence du cercle donné, et joignons EA', EC. On a

$$A'E + EC > A'B + BC$$

or

$$EC = BC$$

donc on a

$$A'E > A'B$$

Donc le point E est extérieur à la circonférence décrite du point A' comme centre avec A'B comme rayon. Il en serait de même de tout autre point différent du point B ; donc les deux circonférences sont tangentes extérieurement en B.

---

§ 4. — LES POLYGONES RÉGULIERS.

DÉFINITIONS.

109. — On nomme *polygone régulier* un polygone qui a tous ses côtés égaux et tous ses angles égaux. Tels sont le triangle équilatéral et le carré.

On nomme *polygone inscrit* dans un cercle un polygone dont les sommets sont sur la circonférence, et *polygone circonscrit* à un cercle, un polygone dont tous les côtés sont tangents à la circonférence.

THÉORÈME VIII.

110. — *Si l'on divise une circonférence en parties égales, et si l'on joint les points de division deux à deux, on obtient un polygone régulier inscrit.*

En effet, tous les côtés sont égaux, car ils sous-tendent des arcs égaux (n° 98), et tous les angles sont égaux, car ils ont pour mesure la moitié d'arcs égaux.

QUESTIONNAIRE DES §§ 3 ET 4.

106. Que nomme-t-on circonférences tangentes, extérieurement ou intérieurement ?

107. Démontrer que deux circonférences sont tangentes intérieurement quand la distance de leurs centres égale la différence de leurs rayons.

108. Démontrer que deux circonférences sont tangentes extérieurement quand la distance de leurs centres égale la somme de leurs rayons.

109. Qu'est-ce qu'un polygone régulier, un polygone inscrit, un polygone circonscrit ?

110. Démontrer qu'on obtient un polygone régulier inscrit en divisant une circonférence en parties égales et en joignant les points de division deux à deux.

CHAPITRE IV

Applications au dessin linéaire et à l'architecture.

---

§ 1. — PROBLÈMES DIVERS.

PROBLÈME I.

111. — *Diviser un arc en deux parties égales.*

Dessin linéaire. On suppose la corde tracée, et on mène la perpendiculaire qui divise cette corde en deux parties égales (n° 76) ; elle divise aussi l'arc en deux parties égales (n° 100).

PROBLÈME II.

112. — *Tracer une circonférence de cercle passant par trois points donnés*, A, B, C (fig. 89).

Dessin linéaire. On trace les droites AB, AC ; puis par le milieu de AB on mène une perpendiculaire HK à AB, et par le milieu de AC on mène une perpendiculaire DK à AC. Le point K d'intersection de ces deux perpendiculaires est le centre de la circonférence cherchée. En effet, KA = KB comme obliques dont les pieds s'écartent également de celui de la perpendiculaire HK ; KA = KC pour la même raison ; donc KB = KA = KC ; si donc du point K

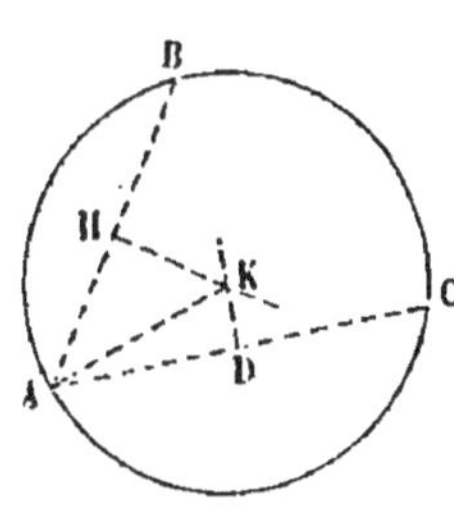

Fig. 89.

comme centre avec KA pour rayon on décrit une circonférence de cercle, elle passera par les trois points A, B, C.

1ʳᵉ REMARQUE. Si les trois points A, B, C, étaient en ligne droite, les perpendiculaires à AB et à AC seraient parallèles comme étant perpendiculaires à une même droite, et elles ne se rencontreraient pas, de sorte qu'on ne peut pas faire passer une circonférence de cercle par trois points en ligne droite.

113. — 2° REMARQUE. Pour trouver le centre d'un cercle donné, on prendrait trois points A, B, C, sur la circonférence, et on ferait la même construction.

PROBLÈME III.

114. — *D'un point* A *donné hors du cercle* C (fig. 90) *mener une tangente à ce cercle.*

On trace la droite AC et on en détermine le milieu (n° 76);

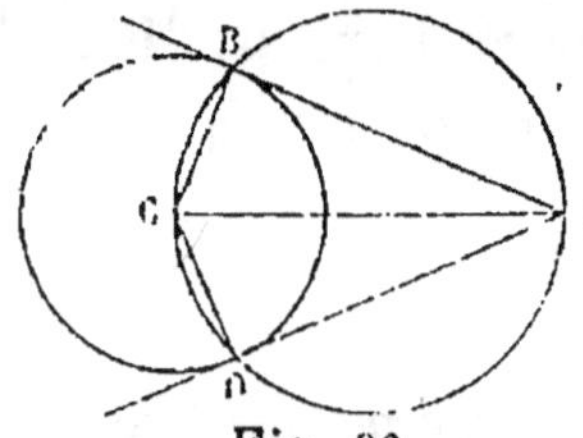

Fig. 90.

puis de ce milieu comme centre et d'un rayon égal à la moitié de AC on décrit une circonférence de cercle qui coupe la circonférence donnée en B et en D. On joint AB et AD et l'on a deux tangentes au cercle. En effet, si on joint CB, CD, les angles ABC, ADC sont droits comme inscrits dans une demi-circonférence (n° 105); donc les droites AB et AD sont perpendiculaires aux extrémités des rayons CB et CD; donc elles sont tangentes (n° 101).

QUESTIONNAIRE.

§ 2. — DES MOULURES.

115. — L'*architecture* est l'art de construire.

116. — On nomme *moulures* les parties saillantes ou creuses usitées dans les ornements de l'architecture. On donne également ce nom aux figures planes qui les représentent en dessin linéaire.

117. — On nomme *moulures droites* celles qui sont formées de lignes droites, *moulures circulaires* celles qui sont formées d'arcs de cercle, et *moulures composées* celles qui sont formées de lignes droites et d'arcs de cercle.

118. — Les principales moulures droites sont le *filet* et la *plate-bande*.

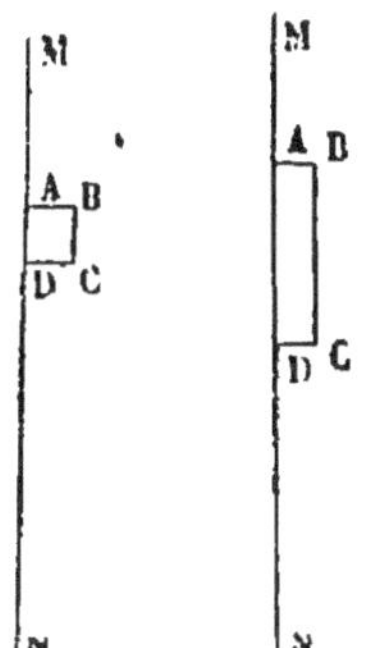

Le *filet* est une moulure saillante ABCD (fig. 91), dont la saillie AB est égale à la hauteur BC, et la *plate-bande* est une moulure saillante ABCD (fig. 92), dont la saillie AB est plus petite que la hauteur BC ; MN est la droite sur laquelle le filet et la plante-bande font saillie.

Fig. 91.   Fig. 92.

119. — On dit qu'une portion de droite *se raccorde* à un arc de cercle en un point quand la droite est tangente à l'arc de cercle en ce point, de manière à former le prolongement du dernier élément de l'arc de cercle; et on dit que deux arcs de cercle *se raccordent* en un point quand ils sont tangents en ce point de manière que le premier élément de l'un soit le prolongement du dernier élément de l'autre.

120. — On dit qu'*un arc de cercle est perpendiculaire à une droite* quand la tangente à l'arc au point d'intersection de l'arc et de la droite est perpendiculaire à la droite.

121. — Les principales moulures circulaires sont le quart de rond, le cavet, le tore, la baguette, la gorge, la

4

scotie, le talon, la doucine, l'anse de panier, l'ovale, l'ellipse et la volute.

122. — Le *quart de rond* (fig. 93) est une moulure saillante formée d'un quart de cercle ABC.

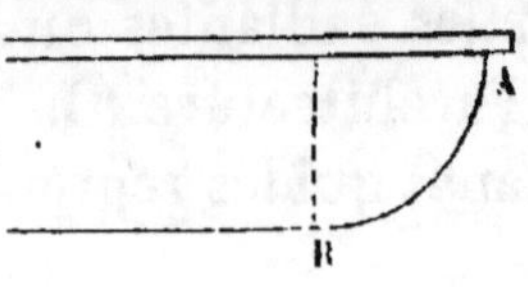

Fig. 93.

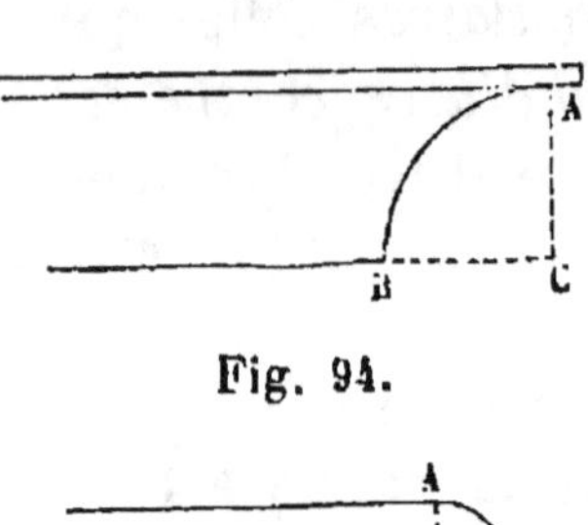

Fig. 94.

123. — Le *cavet* (fig. 94) est une moulure creuse formée aussi d'un quart de cercle ABC.

124. — Le *tore* (fig. 95) est une moulure saillante formée d'un demi-cercle ABC. Quand cette moulure est très-étroite, elle porte le nom de *baguette*.

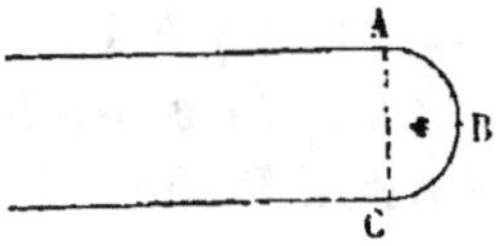

125. — La *gorge* (fig. 96) est une moulure creuse formée aussi d'un demi-cercle ABC.

126. — La *scotie* est une espèce de gorge formée de deux quarts de cercle inégaux ABC, DBE (fig. 97) qui se raccordent et qui sont tangents aux filets ; les deux arcs sont tangents en B, puisque la distance CE des centres égale la différence CB — EB des rayons (n° 107).

127. — Le *talon* (fig. 98) est une moulure formée de deux arcs égaux, l'un convexe, l'autre concave ; les deux arcs se raccordent et ils sont perpendiculaires aux filets.

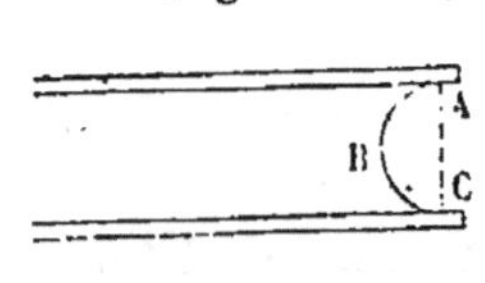

Fig. 95.

Fig. 96.

Fig. 97.

PROBLÈME IV.

Tracer un talon, connaissant ses extrémités A *et* C.

On joint AC et on en prend le milieu E ; puis par le milieu de AE on mène une perpendiculaire à AE jusqu'à la rencontre en F du filet AB et on joint FE qui rencontre CD en G ; les points F et G sont les centres des deux arcs qui se raccordent en E ; en effet AF = FE comme obliques dont

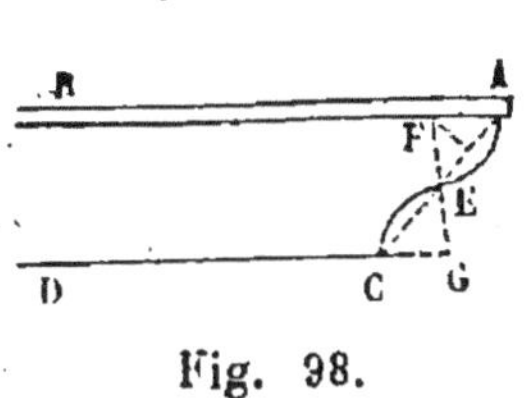

Fig. 98.

les pieds s'écartent également de celui de la perpendiculaire; d'ailleurs, les deux triangles AFE, CGE sont égaux comme ayant un côté égal AE = CE adjacent à deux angles égaux chacun à chacun, donc CG =GE ; car ces côtés sont respectivement égaux aux côtés égaux AF et EF. Les deux arcs sont tangents en E, puisque la distance FG des centres égale la somme FE + EG des rayons (n° 108).

128. — La *doucine* (fig. 99) est une moulure formée de deux arcs égaux, l'un concave, l'autre convexe ; les deux arcs se raccordent et ils sont tangents aux filets.

PROBLÈME V.

Tracer une doucine, connaissant ses extrémités A *et* C. On joint AC et on en prend le milieu E ; puis par le milieu de AE on mène une perpendiculaire à AE jusqu'à la

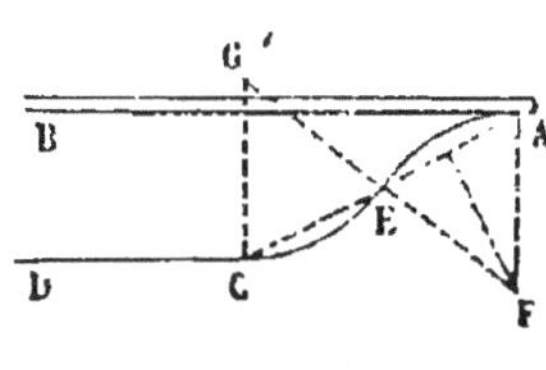

Fig. 99.

rencontre en F de la perpendiculaire AF au filet AB. On joint FE qui rencontre en G la perpendiculaire CG à CD. Les points F et G sont les centres des deux arcs qui se raccordent en E.

(Même démonstration que pour le talon.)

129. — L'*anse de panier* (fig. 100) est une moulure creuse formée de trois arcs de cercle de 6o° chacun. Ces trois arcs se raccordent.

PROBLÈME VI.

Tracer une anse de panier connaissant sa largeur AB.

On divise AB en trois parties égales aux points C et D (*) ; puis des points C et D comme centres et d'un rayon égal à CD, on décrit deux arcs de cercle qui se coupent en E, on joint EC et ED qu'on prolonge. Du point C comme centre, avec CA pour rayon, on décrit l'arc de cercle AF ; du point D comme centre et du même rayon on décrit l'arc de cercle BG ; enfin du point E comme centre et du rayon $EF = EG = 2CD$, on décrit

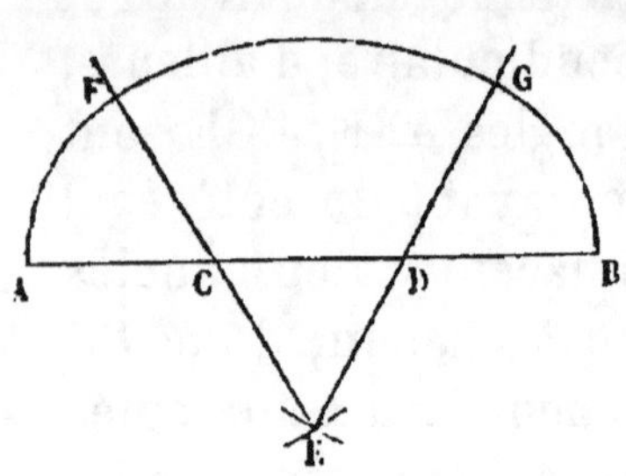

Fig. 100.

l'arc FG qui est tangent aux deux autres en F et en G, car la distance des centres égale la différence des rayons (n° 107). On a $EC = EF - CF$ et $ED = EG - DG$. De plus, le triangle CDE est équilatéral, donc chacun de ses angles égale 60° ; on en conclut que les trois arcs valent aussi 60° chacun.

130. — Quand l'anse de panier doit être très-surbaissée, on peut diviser sa largeur AB en plus de trois parties égales. Soient C et D (fig. 101) les points extrêmes de division ; on décrit sur CD un triangle équilatéral

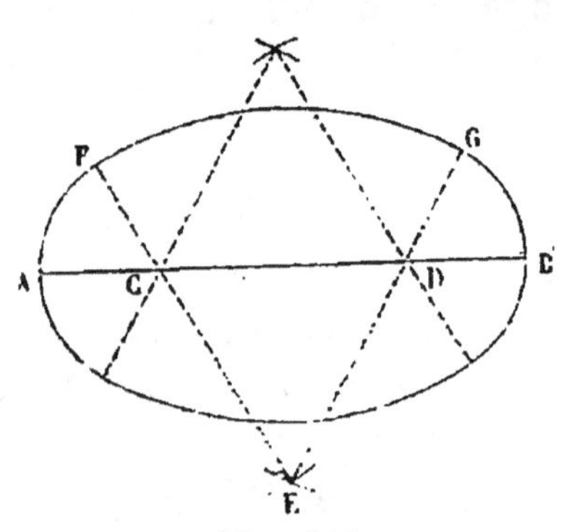

Fig. 101.

trêmes de division ; on décrit sur CD un triangle équilatéral

---

(*) On n'a pas encore vu comment on divise une droite en trois parties égales. On y arrive aisément par le *tâtonnement*, de la manière suivante : on prend une ouverture de compas qui soit à peu près le tiers de AB et on la porte trois fois sur AB à partir de A ; si par hasard la pointe du compas tombe en B, le problème est résolu ; sinon on augmente ou on diminue l'ouverture du tiers de la différence, suivant que la pointe est en deçà ou au delà de B. On porte la nouvelle ouverture sur AB ; si elle n'y est pas contenue trois fois exactement, on la corrige de la même manière.

CDE et la construction s'achève comme précédemment.

131. — Si l'on répète la même construction de l'autre côté de AB, on obtient une courbe fermée, nommée ovale, formée de quatre arcs de cercle qui se raccordent et égaux deux à deux ; deux de ces arcs valent 120° chacun et les deux autres 60°. La figure 101 représente un ovale formé de deux anses de panier obtenu en divisant la largeur AB en quatre parties égales.

132. — L'*ellipse* est une courbe ABA'B' (fig. 102) telle que la somme des distances MF + MF' de chacun de ses points à deux points fixes F et F', qu'on nomme *foyers*, est constante.

PROBLÈME VII.

Tracer une ellipse, connaissant ses foyers F et F' et la somme constante des distances d'un point de la courbe aux deux foyers.

On place une feuille de papier sur une planche à dessiner et on plante deux épingles aux foyers F et F'. On attache aux épingles les extrémités d'un fil inextensible et d'une longueur égale à la somme constante des distances MF + MF' ; on tend le fil au moyen d'un crayon ou d'un tire-ligne qu'on fait glisser dans

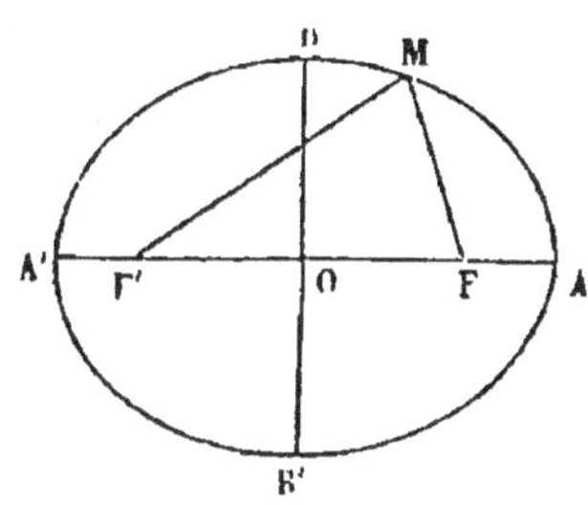

Fig. 102.

le pli M du fil. La pointe du crayon décrit alors l'ellipse demandée, car la somme des distances MF + MF' est toujours égale à la longueur du fil.

133. — Les distances MF et MF' menées d'un point de l'ellipse aux foyers se nomment *rayons vecteurs*. La droite AA' qui passe par les foyers et la perpendiculaire BB' menée par le milieu de FF' à AA' se nomment les *axes* de l'ellipse.

134. — On trace de la même manière une ellipse sur le terrain ; on emploie un cordeau terminé par deux boucles

4.

que traversent deux piquets fixés aux foyers F et F'. On tend le cordeau avec un troisième piquet et on le fait glisser dans le pli du cordeau en l'appliquant verticalement sur le terrain.

Les jardiniers font usage de l'ellipse dans le tracé des parterres de gazon et de fleurs ; on la nomme aussi pour cette raison *ovale* ou *cercle oblong des jardiniers*.

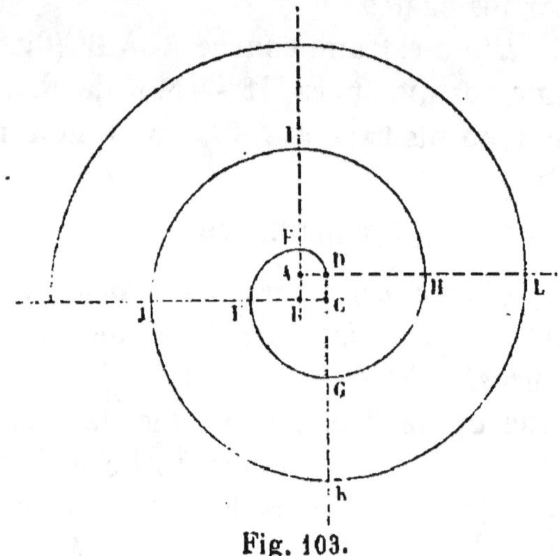

Fig. 103.

135. — La *volute* (fig. 103) est une courbe formée d'une suite de quarts de cercle qui se raccordent ; l'ensemble de quatre arcs successifs se nomme une *spire*.

PROBLÈME VIII.

Tracer une volute.

On décrit un carré ABCD d'autant plus petit que les spires doivent être plus voisines les unes des autres et on en prolonge les quatre côtés dans le même sens. Puis, du point A comme centre, avec AD pour rayon, on décrit l'arc DE ; du point B comme centre, avec BE ou 2AD pour rayon, on décrit l'arc EF ; du point C comme centre, avec CF ou 3AD pour rayon, on décrit l'arc FG ; du point D comme centre avec DG ou 4AD pour rayon, on décrit l'arc

GH. La courbe DEFGH forme la 1re spire. On obtient de la même manière la 2e spire HIJKL, en prenant encore successivement pour centres les sommets A, B, C, D du carré et pour rayons AH = 5AD, BI = 6AD, CJ = 7AD et DK = 8AD ; et ainsi de suite. Chaque arc de cercle est tangent à celui qui le précède, puisque la distance des centres est toujours égale à la différence des rayons (n° 107), de sorte que tous ces arcs se raccordent.

QUESTIONNAIRE.

115. Qu'est-ce que l'architecture ?

116. Que nomme-t-on moulures ?

117. Que nomme-t-on moulures droites, moulures circulaires, moulures composées ?

118. Quelles sont les principales moulures droites ? Qu'est-ce que le filet, la plate-bande ?

119. Quand dit-on qu'une droite se raccorde à un arc de cercle en un point ? Quand dit-on que deux arcs de cercle se raccordent en un point ?

120. Quand dit-on qu'un arc de cercle est perpendiculaire à une droite ?

121. Quelles sont les principales moulures circulaires ?

122. Qu'est-ce qu'un quart de rond ?

123. Qu'est-ce qu'un cavet ?

124. Qu'est-ce qu'un tore, une baguette ?

125. Qu'est-ce qu'une gorge ?

126. Qu'est-ce qu'une scotie ?

127. Qu'est-ce qu'un talon ? Comment trace-t-on un talon, connaissant ses extrémités ?

128. Qu'est-ce qu'une doucine ? Comment trace-t-on une doucine, connaissant ses extrémités ?

129. Qu'est-ce qu'une anse de panier ? Comment trace-t-on une anse de panier, connaissant sa largeur ?

130. Comment trace-t-on une anse de panier très-surbaissée ?

131. Qu'est-ce qu'un ovale ? Comment trace-t-on un ovale, connaissant sa largeur ?

132 et 134. Qu'est-ce qu'une ellipse ? Comment trace-t-on une ellipse sur le papier et sur le terrain, connaissant ses foyers et la somme constante des distances d'un point de la courbe aux deux foyers ?

133. Que nomme-t-on rayons vecteurs, axes de l'ellipse ?

135. Qu'est-ce qu'une volute ? Que nomme-t-on une spire ? Comment trace-t-on une volute ?

§ 3. — INSCRIPTION DES POLYGONES RÉGULIERS.

PROBLÈME IX.

136.—*Inscrire un carré dans un cercle donné* O (fig. 104).
On mène deux diamètres AC, BD perpendiculaires entre

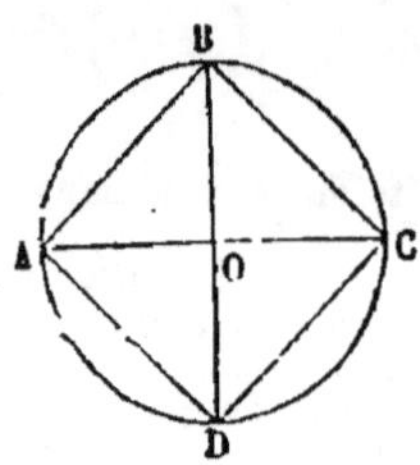

eux et on en joint les extrémités. Les
quatre angles au centre étant égaux, les
quatre arcs le sont aussi ; donc les quatre cordes sont égales (n° 98). D'ailleurs
les quatre angles A, B, C, D sont droits
comme inscrits chacun dans une demi-
circonférence (n° 105) ; donc la figure
ABCD est un carré.

Fig. 104.

Conséquence. Si du centre on mène des perpendiculaires
aux cordes AB, BC, et si on les prolonge jusqu'à la circonférence, chaque arc sera divisé en deux parties égales
(n° 100) ; donc la circonférence sera divisée en huit parties
égales, de sorte qu'en joignant les points de division deux
à deux, on aura un octogone régulier (n° 110).

Si l'on divise en deux parties égales les arcs sous-tendus
par les côtés de l'octogone et si l'on joint les points de
division deux à deux, on aura un polygone régulier de
seize côtés ; et ainsi de suite.

PROBLÈME X.

137. — *Inscrire un hexagone régulier dans un cercle
donné* O (fig. 105).
On inscrit dans la circonférence six cordes successives
égales au rayon. Soit en effet AB une corde égale au rayon;
joignons AO, BO ; le triangle AOB est équilatéral, donc ses
trois angles sont égaux et l'angle AOB égale le tiers de 180°
ou 60°. L'arc AB vaut donc aussi 60°; mais la circonférence

vaut 36o° ; donc l'arc AB est le 1/6 de la circonférence ; de sorte qu'en inscrivant six cordes successives égales au rayon, l'extrémité de la 6ᵉ corde aboutit au point de départ.

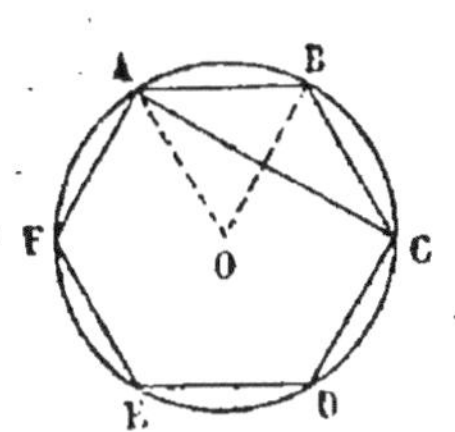

Fig. 105.

CONSÉQUENCE. Si l'on joint de deux en deux les sommets de l'hexagone, on a un triangle équilatéral, car la circonférence est divisée aux points A, C, E, en trois parties égales.

Si au contraire on divise en 2, 4, 8… parties égales les arcs sous-tendus par les côtés de l'hexagone et si l'on joint les points de division deux à deux, on obtient les polygones réguliers de 12, 24, 48,…. côtés.

138.—On peut employer pour le carrelage des appartements des carreaux de terre cuite dont la base est un triangle équilatéral, un carré, ou un hexagone régulier. En effet, la somme de tous les angles faits autour d'un point vaut 36o°; or, l'angle du triangle équilatéral vaut 6o°, celui du carré vaut 9o° et celui de l'hexagone régulier vaut 12o° ; donc on peut couvrir exactement une surface plane en assemblant autour d'un point 6 triangles équilatéraux, 4 carrés ou 3 hexagones réguliers (fig. 1o6). La première méthode n'est pas usitée.

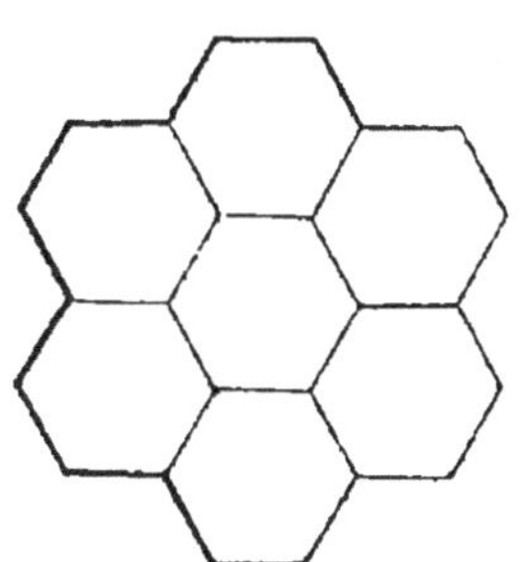

Fig. 106.

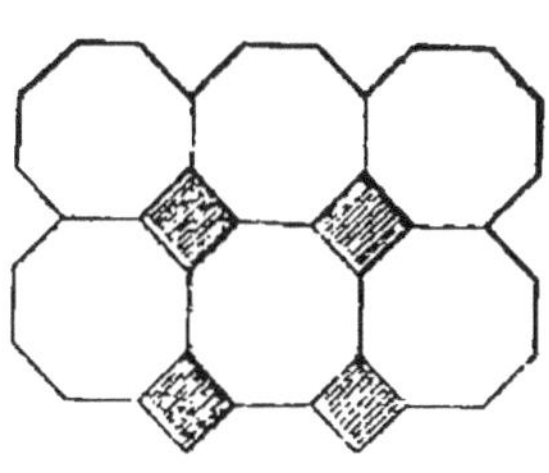

Fig. 107.

139. — On emploie souvent une combinaison de polygones réguliers : ainsi deux octogones réguliers et un carré réunis autour d'un point couvrent exactement le plan, car l'angle de l'octogone égale 135°, la somme des trois angles égale donc 270° + 90° ou 360° (fig. 107).

140. — Dans les appartements parquetés, on emploie ordinairement comme *parquet* une suite de planches égales dont la base est un parallélogramme (fig. 108) ou un rec-

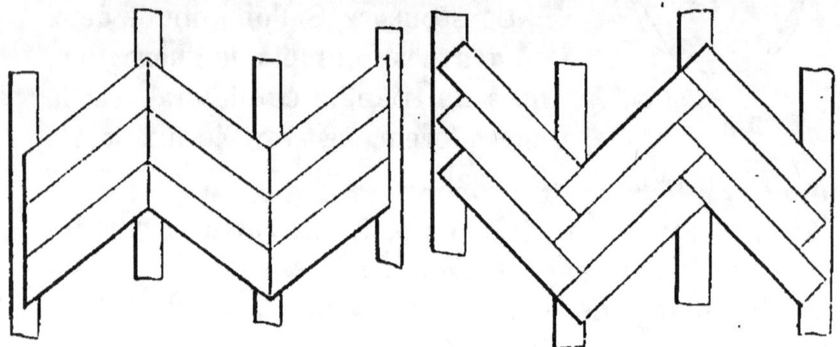

Fig. 108.   Fig. 109.

tangle (fig. 109). Ces planches sont fixées sur des solives horizontales parallèles.

141. — La division de la circonférence en parties égales permet encore de tracer les *rosaces* qui servent d'ornements en architecture. Ainsi, pour tracer la rosace (fig. 110), on a divisé la circonférence en 12 parties égales, et des points de division on a décrit des arcs de cercle avec le rayon même de la circonférence.

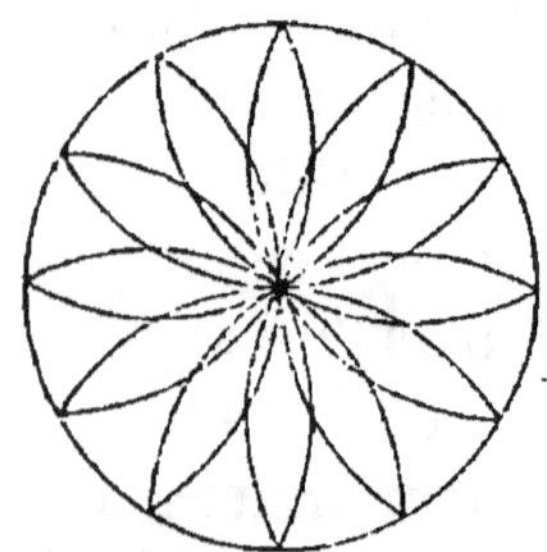

Fig. 110.

QUESTIONNAIRE.

136. Comment inscrit-on un carré dans un cercle donné ? En conclure l'inscription des polygones réguliers de 8, 16, 32... côtés.

137. Comment inscrit-on un hexagone régulier dans un cercle donné ? En conclure l'inscription du triangle équilatéral et des polygones réguliers de 12, 24, 48,... côtés.

138. Pourquoi peut-on carreler les appartements avec des carreaux dont la base est un triangle équilatéral, un carré ou un hexagone régulier ?

139. Peut-on employer une combinaison de deux octogones réguliers et d'un carré réunis autour d'un point ?

140. Quelles formes donne-t-on ordinairement aux planches des parquets ?

141. Comment peut-on tracer une rosace ?

CHAPITRE V

Des lignes proportionnelles.

DÉFINITIONS.

142. — On nomme *commune mesure* de deux droites une droite contenue un nombre exact de fois dans chacune d'elles.

La plus grande commune mesure de deux droites est la plus grande droite contenue un nombre exact de fois dans chacune des droites proposées.

143. — On nomme *rapport de deux droites* le rapport des nombres qui représentent les longueurs de ces droites; ainsi, supposons que le mètre ou toute autre longueur prise pour unité soit contenue 6 fois dans la longueur d'une droite, et 4 fois dans la longueur d'une autre droite, le rapport de ces deux droites sera $\dfrac{6}{4}$ ou $\dfrac{3}{2}$.

144. — Des droites a, b, c, sont dites proportionnelles à d'autres droites a', b', c', quand le rapport de a à a' est égal au rapport de b à b', au rapport de c à c', de sorte qu'on ait

$$\frac{a}{a'} = \frac{b}{b'} = \frac{c}{c'}.$$

145. — On nomme quatrième proportionnelle à trois droites a, b, c, une droite d telle que le rapport de a à b est égal au rapport de c à d; ainsi on doit avoir $\dfrac{a}{b} = \dfrac{c}{d}$.

146. — On nomme moyenne proportionnelle entre deux

droites a et b, une droite d telle que le rapport de a à d est égal au rapport de d à b ; ainsi on doit avoir $\dfrac{a}{d} = \dfrac{d}{b}$.

147. — On nomme *polygones semblables* des polygones qui ont les angles égaux deux à deux et les côtés proportionnels, les côtés et les angles étant disposés dans le même ordre.

On nomme *côtés homologues* les côtés qui sont semblablement placés ; ils sont adjacents aux angles égaux.

---

1. — PROPRIÉTÉS D'UNE PARALLÈLE A UN CÔTÉ DE TRIANGLE.

THÉORÈME I.

148. — *Si on divise en parties égales un côté AB d'un triangle ABC (fig. 111) et si par les points de division on mène des parallèles à un autre côté BC, le troisième côté AC sera divisé par ces parallèles en parties égales.*

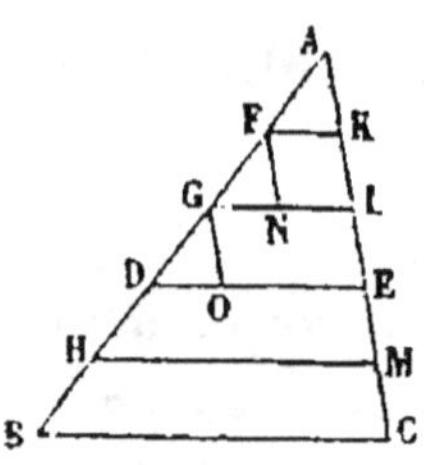

Fig. 111.

Menons en effet les droites FN, GO... parallèles à AC, les triangles AFK, FGN, GDO... sont égaux comme ayant un côté égal AF = GF = GD... adjacent à deux angles égaux chacun à chacun ; donc AK = FN = GO... ; mais FN = KL, GO = LE... comme côtés opposés de parallélogrammes ; donc AK = KL = LE..... C'est ce qu'il fallait démontrer.

THÉORÈME II.

149. — *Toute parallèle DE (fig. 111) à un côté BC d'un triangle ABC divise les deux autres AB, AC, en parties proportionnelles*

Supposons une commune mesure contenue 3 fois dans AD et 2 fois dans DB, on a $\dfrac{AD}{DB} = \dfrac{3}{2}$.

Si par les points de division on mène des parallèles à BC, le côté AC sera aussi divisé en 5 parties égales (n° 148), AE en contiendra 3 et CE en contiendra 2, de sorte qu'on aura

$$\frac{AE}{CE} = \frac{3}{2}$$

donc

$$\frac{AD}{DB} = \frac{AE}{CE}.$$

C'est ce qu'il fallait démontrer.

150. — 1ʳᵉ REMARQUE. On a aussi $\dfrac{AB}{AD} = \dfrac{5}{3}$ et $\dfrac{AC}{AE} = \dfrac{5}{3}$;

donc $\dfrac{AB}{AD} = \dfrac{AC}{AE}$, c'est-à-dire que *si dans un triangle on mène une parallèle à un côté pris pour base, les deux autres côtés sont proportionnels aux segments compris sur ces côtés, entre la parallèle et le sommet opposé à la base.*

151. — 2ᵉ REMARQUE. On a de même $\dfrac{AB}{BD} = \dfrac{5}{2}$ et $\dfrac{AC}{CE} = \dfrac{5}{2}$;

donc $\dfrac{AB}{BD} = \dfrac{AC}{CE}$, c'est-à-dire que *si dans un triangle on mène une parallèle à un côté pris pour base, les deux autres côtés sont proportionnels aux segments compris sur ces côtés entre la parallèle et la base.*

THÉORÈME III.

152. — *Toute parallèle DE à un côté BC d'un triangle ABC (fig. 112) détermine un triangle ADE semblable au triangle proposé.*

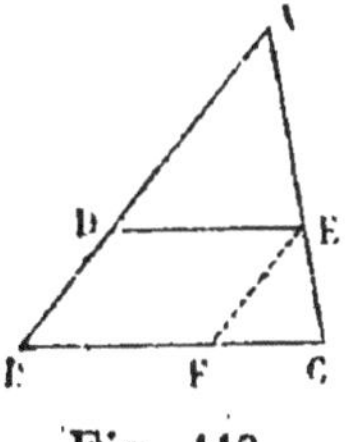

Fig. 112.

En effet, l'angle A est commun, et les angles ADE et AED sont respectivement égaux aux angles B et C comme correspondants ; donc les deux triangles ont leurs angles égaux deux à deux.

5

De plus si l'on mène EF parallèle à AB, on a $\dfrac{AB}{AD} = \dfrac{AC}{AE} = \dfrac{BC}{BF}$;

mais $BF = DE$ comme côtés opposés d'un parallélogramme ; on a donc

$$\frac{AB}{AD} = \frac{AC}{AE} = \frac{BC}{DE} ;$$

c'est-à-dire que si AB égale, par exemple, une fois et demie AD, AC égale aussi une fois et demie AE, et BC égale une fois et demie BF ou son égal ED. Donc les deux triangles ont les angles égaux et les côtés proportionnels ; donc ils sont semblables.

QUESTIONNAIRE.

142. Qu'est-ce qu'une commune mesure de deux droites ? Qu'est-ce que leur plus grande commune mesure?

143. Qu'est-ce que le rapport de deux droites ?

144. Qu'appelle-t-on droites porportionnelles ?

145. Qu'est-ce qu'une 4ᵉ proportionnelle à trois droites données ?

146. Qu'est-ce qu'une moyenne proportionnelle entre deux droites données ?

147. Que nomme-t-on polygones semblables? Que nomme-t-on côtés homologues ?

148. Démontrer que si l'on divise un côté d'un triangle en parties égales, et si par les points de division on mène des parallèles à un autre côté, elles divisent le 3ᵉ en parties égales.

149. Démontrer qu'une parallèle à un côté d'un triangle divise les deux autres côtés en parties proportionnelles.

150 et 151. Démontrer que si dans un triangle on mène une parallèle à la base, les deux autres côtés sont proportionnels aux segments adjacents au sommet et aux segments adjacents à la base.

152. Démontrer qu'une parallèle à un côté d'un triangle détermine un deuxième triangle semblable au premier.

PROBLÈMES A RÉSOUDRE.

11. Quelle est la longueur d'une 4ᵉ proportionnelle aux trois droites $a = 0^m,063$, $b = 0^m,045$ et $c = 0^m,175$?

12. Quelle est la longueur d'une moyenne proportionnelle entre les deux droites $a = 0^m,378$ et $b = 0^m,168$?

13. Deux côtés AB, AC, d'un triangle (fig. 111) valent $0^m,064$ et $0^m,076$. On mène une parallèle DE à BC par le point D distant du sommet A de $0^m,048$. On demande de calculer AE.

14. Les deux segments AD, DB, du côté AB (fig. 111), valent $0^m,104$ et $0^m,060$; et $AC = 0^m,205$. On mène DE parallèle à BC et on demande de calculer AE et CE.

§ 2. — DES TRIANGLES SEMBLABLES.

THÉORÈME IV.

153. — *Deux triangles ABC, DEF (fig. 113) sont semblables quand ils ont les angles égaux deux à deux.*

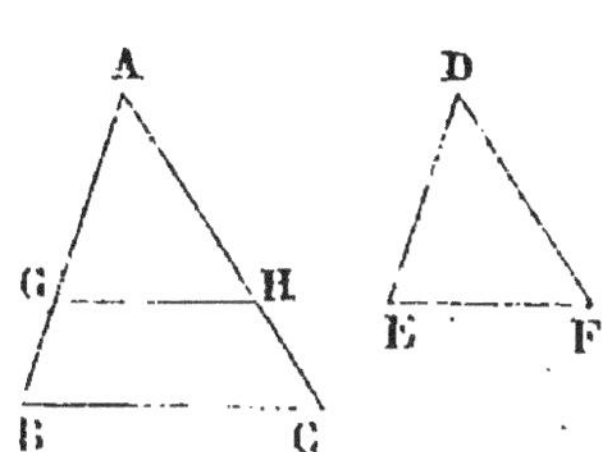

Fig. 113.

Soit $A = D$, $B = E$ et $C = F$. Prenons $AG = DE$ et menons GH parallèle à BC ; l'angle $AGH = B$ comme correspondants, et l'angle $B = E$ par hypothèse ; donc l'angle $AGH = E$.

Donc les deux triangles AGH, DEF sont égaux comme ayant un côté égal compris entre deux angles égaux chacun à chacun ; mais le triangle AGH est semblable au triangle ABC (n° 152), donc son égal DEF est aussi semblable à ABC. C'est ce qu'il fallait démontrer.

REMARQUE. Les côtés proportionnels sont opposés aux angles égaux.

THÉORÈME V.

154. — *Deux triangles ABC, DEF (fig. 113) sont semblables quand ils ont un angle égal compris entre deux côtés proportionnels.*

Soient $A = D$ et $\dfrac{AB}{DE} = \dfrac{AC}{DF}$. Supposons, par exemple, AB double de DE et AC double de DF. Prenons $AG = DE$ et menons GH parallèle à BC, on aura AC double de AH, donc $AH = DF$; donc les deux triangles AGH, DEF sont égaux comme ayant un angle égal compris entre deux côtés égaux chacun à chacun ; mais le triangle AGH est semblable au triangle ABC (n° 152), donc son égal DEF est aussi semblable à ABC. C'est ce qu'il fallait démontrer.

THÉORÈME VI.

155. — *Deux triangles ABC, DEF (fig. 114) sont sem-blables quand ils ont les côtés proportionnels.*

On suppose $\dfrac{AB}{DE} = \dfrac{AC}{DF} = \dfrac{BC}{EF}$. Supposons, par exemple,

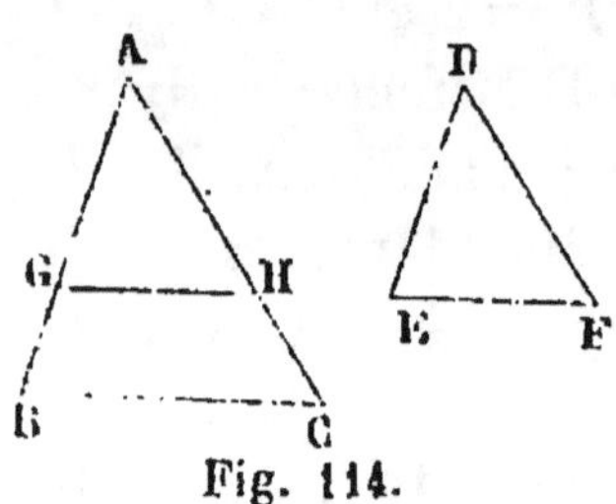

Fig. 114.

AB triple de DE, AC triple de DF et BC triple de EF. Prenons AG = DE et menons GH parallèle à BC. Le triangle AGH est semblable au triangle ABC (n° 152), et l'on a AC triple de AH et BC triple de GH ; donc AH = DF et GH = EF. Donc les deux triangles AGH, DEF sont égaux comme ayant les trois côtés égaux chacun à chacun ; donc le triangle DEF est semblable au triangle ABC.

THÉORÈME VII.

156. — *Deux polygones ABCDE, A'B'C'D'E' (fig. 115), sont semblables quand ils sont composés d'un même nombre de triangles sembla-bles deux à deux et semblablement placés.*

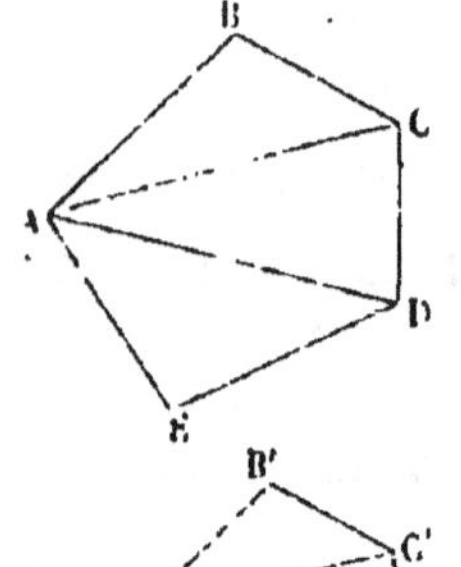

Fig. 115.

On suppose les triangles ABC, ACD et ADE respectivement semblables aux triangles A'B'C', A'C'D' et A'D'E' ; donc l'angle B = B', l'angle total C = l'angle total C' comme se composant d'angles égaux deux à deux, et ainsi de suite ; donc les deux polygones ont les angles égaux chacun à chacun. Supposons de plus, par exemple, que les côtés du triangle ABC soient doubles de ceux du triangle A'B'C' ; les côtés des triangles ACD et ADE seront aussi doubles de ceux des triangles A'C'D' et

A′D′E′. Donc tous les côtés du 1er polygone sont doubles des côtés du 2e, c'est-à-dire que les côtés du 1er polygone sont proportionnels à ceux du 2e. Donc les deux polygones ont les angles égaux et les côtés proportionnels, donc ils sont semblables.

RÉCIPROQUEMENT, *deux polygones semblables peuvent être décomposés en un même nombre de triangles semblables deux à deux et semblablement placés.*

Soient A = A′, B = B′, C = C′....; supposons de plus que les côtés AB, BC, CD... du premier polygone soient triples, par exemple, des côtés A′B′, B′C′, C′D′,.... du deuxième. Menons de deux sommets homologues A et A′ des diagonales à tous les sommets non adjacents ; les deux triangles ABC, A′B′C′ sont semblables comme ayant un angle égal, B = B′, compris entre deux côtés proportionnels ; donc AC = 3A′C′ et l'angle BCA = B′C′A′. Si l'on retranche ces angles égaux des angles totaux C et C′ qui sont par hypothèse égaux, les restes sont égaux, c'est-à-dire qu'on a l'angle ACD = A′C′D′. Donc les deux triangles ACD, A′C′D′ sont aussi semblables comme côtés ayant un angle égal, ACD = A′C′D, compris entre deux côtés proportionnels (n° 154), et ainsi de suite.

THÉORÈME VIII.

157. — *Si du sommet A de l'angle droit d'un triangle rectangle ABC (fig. 116) on abaisse une perpendiculaire AD sur l'hypoténuse, elle détermine deux triangles ABD, ACD : 1° semblables entre eux, et 2° semblables au triangle proposé.*

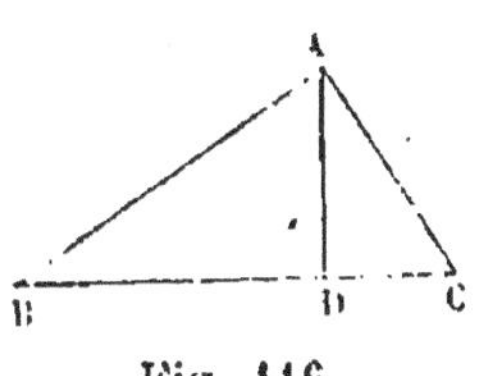

Fig. 116.

1° Les deux triangles ABD, ACD sont rectangles en D ; de plus, l'angle B = CAD comme compléments de l'angle BAD, et l'angle BAD = C comme compléments de l'angle CAD ; donc ces deux triangles ont les angles égaux deux à deux, donc ils sont semblables (n° 153).

158. — CONSÉQUENCE. Ces triangles étant semblables, les côtés BD et AD du 1ᵉʳ sont proportionnels aux côtés AD et DC du 2ᵉ, et l'on a $\dfrac{BD}{AD} = \dfrac{AD}{DC}$,

c'est-à-dire que *la hauteur* AD *est moyenne proportionnelle entre les deux segments* BD, DC *de l'hypoténuse.*

159. — 2° Le triangle ABD est semblable au triangle ABC, car ils ont chacun un angle droit, l'angle B commun, et l'angle BAD = C comme compléments de l'angle CAD ; donc ces deux triangles ont les angles égaux deux à deux, donc ils sont semblables (n° 153).

Le triangle ACD est semblable au triangle ABC pour la même raison. Ils ont chacun un angle droit, l'angle C commun, et l'angle CAD = B comme compléments de l'angle BAD.

160. — CONSÉQUENCE. Le triangle ABD étant semblable à ABC, les côtés BD et AB du premier sont proportionnels aux côtés AB et BC du deuxième, et l'on a $\dfrac{BD}{AB} = \dfrac{AB}{BC}$. [1]

De même le triangle ACD étant semblable à ABC, les côtés CD et AC du premier sont proportionnels aux côtés AC et BC du deuxième, et l'on a $\dfrac{CD}{AC} = \dfrac{AC}{BC}$; [2]

c'est-à-dire que *chaque côté de l'angle droit est moyen proportionnel entre l'hypoténuse et le segment adjacent.*

161. — Dans toute égalité de rapports le produit des deux termes extrêmes est égal au produit des deux termes moyens ; on conclut donc des égalités [1] et [2]

$$BD \times BC = AB \times AB \text{ ou } \overline{AB}^2,$$

et $\qquad\qquad CD \times BC = AC \times AC \text{ ou } \overline{AC}^2.$

Si l'on ajoute ces deux dernières égalités membre à membre,

il vient $\quad BD \times BC + CD \times BC = \overline{AB}^2 + \overline{AC}^2,$

c'est-à-dire　　$(BD + CD) \times BC = \overline{AB}^2 + \overline{AC}^2,$

c'est-à-dire　　$BC \times BC$ ou $\overline{BC}^2 = \overline{AB}^2 + \overline{AC}^2.$

Ainsi *dans tout triangle rectangle le carré du nombre qui représente la longueur de l'hypoténuse est égal à la somme des carrés des nombres qui représentent les longueurs des deux autres côtés.*

QUESTIONNAIRE.

153. Démontrer que deux triangles sont semblables quand ils ont les angles égaux deux à deux.

154. Démontrer que deux triangles sont semblables quand ils ont un angle égal compris entre deux côtés proportionnels.

155. Démontrer que deux triangles sont semblables quand ils ont les côtés proportionnels.

156. Démontrer que deux polygones sont semblables quand ils sont composés d'un même nombre de triangles semblables deux à deux et semblablement placés La réciproque est-elle vraie ?

157 et 158. Démontrer que la perpendiculaire abaissée du sommet de l'angle droit d'un triangle rectangle sur l'hypoténuse, détermine deux triangles semblables entre eux et au triangle proposé.

159 et 160. En conclure que la hauteur est moyenne proportionnelle entre les deux segments de l'hypoténuse, et que chaque côté de l'angle droit est moyen proportionnel entre l'hypoténuse et le segment adjacent.

161. Démontrer que dans tout triangle rectangle le carré du nombre qui représente la longueur de l'hypoténuse est égal à la somme des carrés des nombres qui représentent les longueurs des deux autres côtés.

PROBLÈMES A RÉSOUDRE.

15. On a deux triangles semblables. Les trois côtés a, b, c, du 1er valent $3^m,60$, 4^m et $4^m,20$; et le côté a' du 2e, homologue de a, vaut $0^m,27$. On demande les longueurs des deux autres côtés.

16. On a deux triangles semblables. La base et la hauteur du premier valent $5^m,60$ et $3^m,50$, et la base homologue du deuxième vaut $0^m,24$. On demande quelle est la hauteur.

17. Trouver la hauteur d'un triangle rectangle, sachant qu'elle détermine sur l'hypoténuse deux segments égaux à $3^m,33$ et $1^m,48$.

18. La hauteur d'un triangle rectangle $= 21^m$, et l'un des deux segments qu'elle détermine sur l'hypoténuse $= 28$, évaluer l'autre segment.

19. L'hypoténuse d'un triangle rectangle vaut $7^m,50$, et la hauteur détermine sur cette hypoténuse un segment égal à $4^m,80$. Évaluer le côté de l'angle droit adjacent à ce segment.

20. Un côté de l'angle droit d'un triangle rectangle $= 0^m,193,$

et la hauteur détermine sur l'hypoténuse un segment, adjacent à ce côté, égal à $0^m,117$. Quelle est la longueur de l'hypoténuse?

21. Les deux côtés de l'angle droit d'un triangle rectangle valent 20^m et 21^m. Quelle est la longueur de l'hypoténuse ?

22. L'hypoténuse d'un triangle rectangle $= 17^m$, et un côté de l'angle droit $= 8^m$. Quelle est la longueur de l'autre côté de l'angle droit?

23. On a un triangle rectangle. La moitié d'un côté de l'angle droit $= 0^m,25$ et le tiers de l'autre côté $= 0^m,40$. Quelle est la longueur du quart de l'hypoténuse?

24. L'hypoténuse d'un triangle rectangle isocèle $= 0^m,24$. Quelle est la longueur d'un côté de l'angle droit ?

25. Une échelle dressée contre un mur vertical atteint à une hauteur de 4^m. La distance du pied de l'échelle au pied du mur est égale à $0^m,90$. Quelle est la longueur de l'échelle?

26. Une échelle de $2^m,70$ de longueur, dressée contre un mur vertical, atteint au sommet du mur. La distance du pied de l'échelle au pied du mur $= 1^m,20$. Quelle est la hauteur du mur?

CHAPITRE VI

Applications au dessin linéaire.

PROBLÈMES DIVERS.

PROBLÈME I.

162. — *Diviser en parties égales une droite donnée.
Dessin linéaire.* — 1re MÉTHODE. Soit AB (fig. 117) une

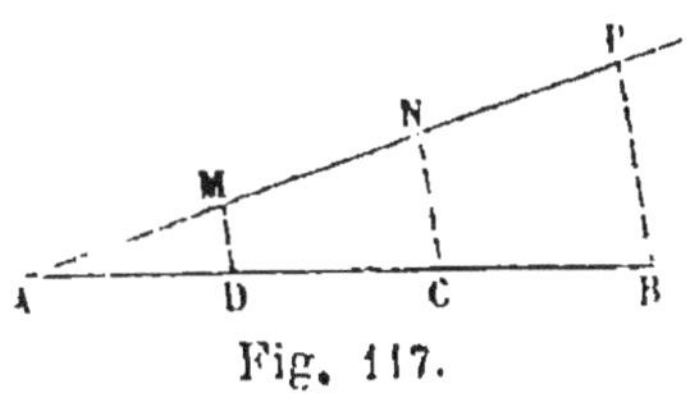

droite qu'on veut. diviser, en
3 parties égales, par exemple.
On mène par le point A une
droite quelconque AP ; on
prend sur cette droite, à partir de A, trois distances arbi-

Fig. 117.

traires égales AM, MN, NP. On joint PB, et par les points
M et N on mène des parallèles à PB ; la droite AB sera
aussi divisée en trois parties égales (n° 148).

163. — 2e MÉTHODE. Soit AC (fig. 118) une droite qu'on

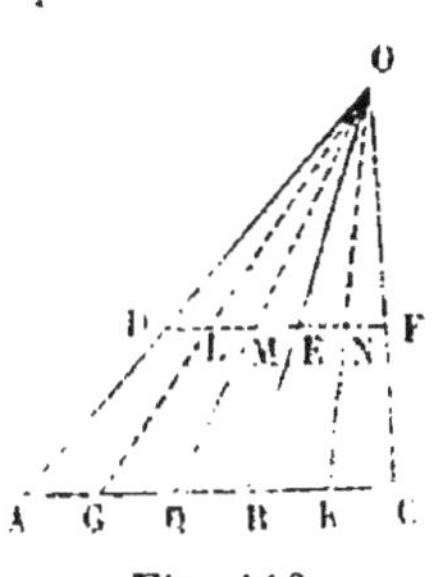

veut diviser en 5 parties égales, par
exemple. On mène une parallèle quelconque DF à AC ; on prend sur cette
parallèle 5 distances arbitraires égales
DL, LM, ME, EN, NF. On joint AD et
CF qui se coupent en O , on joint encore OL, OM, OE, ON qu'on prolonge

Fig. 118.

jusqu'à la rencontre de AC. La droite
AC sera aussi divisée en 5 parties égales; en effet les triangles
ODL, OLM, OME... sont respectivement semblables
aux triangles OAG, OGH, OHB... (n° 152). Supposons, par

5.

exemple, que OD soit les deux tiers de OA, les droites DL, LM, ME... seront respectivement les deux tiers des droites AG, GH, HB...; mais DL = LM = ME..; donc AG = GH = HB...

164. — 3ᵉ MÉTHODE. On peut encore diviser une droite en parties égales au moyen du *compas de réduction*. C'est un instrument (fig. 119) formé de deux branches égales ordinairement en laiton, terminées de part et d'autre par des pointes d'acier. Les deux branches évidées dans leur longueur sont mobiles autour d'un axe commun M qu'on peut déplacer à volonté dans la coulisse.

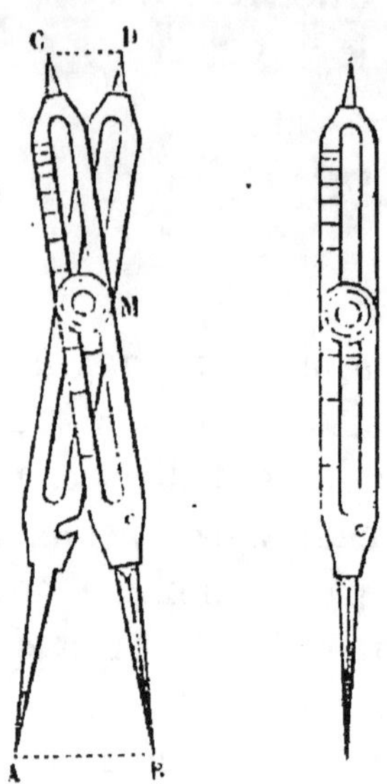

Fig. 119

Supposons qu'on veuille diviser une droite en deux parties égales. On ferme le compas de manière à superposer les deux branches et on fait glisser l'axe M dans la double coulisse jusqu'à ce que la distance MD soit la moitié de AM ; des divisions marquées sur les deux branches indiquent la position qu'il faut donner à l'axe

On donne ensuite au compas une ouverture telle que la distance des deux pointes A et B soit égale à la longueur de la droite donnée ; la distance des deux autres pointes C et D en est alors la moitié, car les deux triangles isocèles AMB, CMB sont semblables, comme ayant un angle égal, AMB = CMD, compris entre deux côtés proportionnels (nᵒ 154).

Si l'on voulait réduire une droite au tiers, au quart,... au dixième, il faudrait de même déplacer l'axe M de manière que MD fût le tiers, le quart,... le dixième de AM

165. — *Arpentage.* Sur le terrain on peut mesurer la droite avec la chaîne. Supposons qu'elle ait 234^m et qu'on veuille la diviser en 5 parties égales. Le 1/5 de 234^m est 46^m,8 ; on portera sur la droite avec la chaîne quatre distances successives égales à 46^m,8 et on plantera un jalon à chaque point de division. Comme vérification, le reste de la droite doit égaler 46^m,8.

PROBLÈME II.

166. — *Trouver une 4ᵉ proportionnelle à trois droites données* M, N, P (fig. 120).

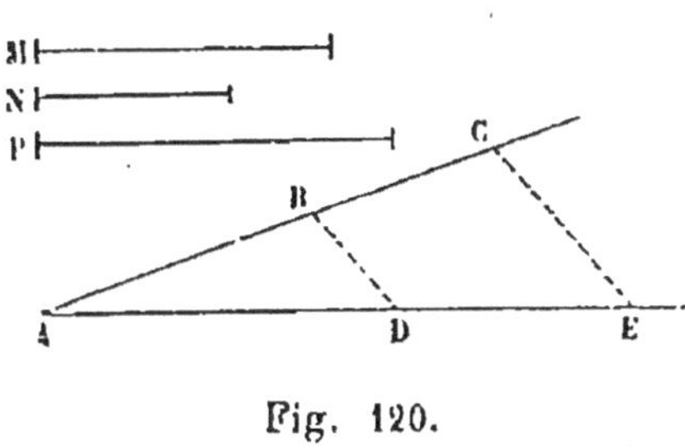

Fig. 120.

On fait un angle quelconque A ; puis on prend sur un des côtés AB = M et BC = N et sur l'autre côté AD = P. On joint BD et on mène CE parallèle à BD. La droite DE est la 4ᵉ proportionnelle demandée, car on a $\dfrac{AB}{BC} = \dfrac{AD}{DE}$, c'est-à-dire

$$\frac{M}{N} = \frac{P}{DE}.$$

PROBLÈME III.

167. — *Trouver une moyenne proportionnelle entre deux droites données* M *et* N (fig. 121).

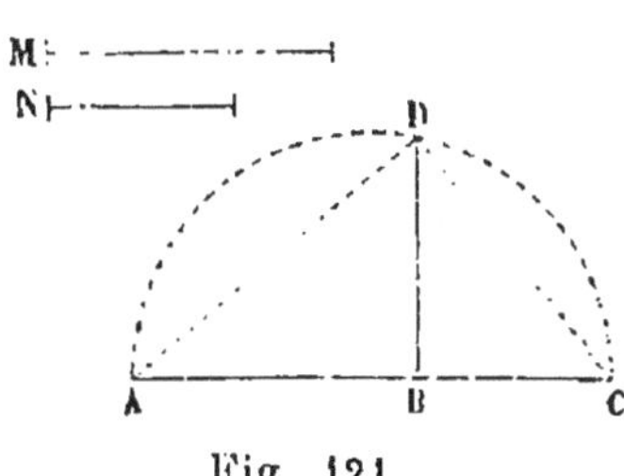

Fig. 121.

On prend sur une portion de droite indéfinie AB = M et BC = N ; puis on détermine le milieu de AC. De ce point milieu comme centre et d'un rayon égal à la moitié de AC on décrit une demi-circonférence, et au point B on élève la perpendiculaire BD, qui est la moyenne proportionnelle cherchée. En effet, si l'on joint AD et DC, l'angle ADC est droit comme inscrit dans une demi-circonférence ; donc le triangle ADC est rectangle et la hauteur BD est moyenne proportionnelle entre les deux segments de l'hypoténuse (n° 158), c'est-à-dire qu'on a

$$\frac{AB}{BD} = \frac{BD}{BC}, \text{ ou } \frac{M}{BD} = \frac{BD}{N}.$$

PROBLÈME IV.

168. — *Décrire sur une droite donnée FG (homologue de AB) un polygone semblable à un polygone donné* ABCDE (fig. 122.)

Du point A on mène les diagonales AC, AD ; puis on fait au point G un angle FGH = B, et au point F un angle GFH = BAC ; le triangle FGH sera semblable au triangle ABC (n° 152). On décrirait de même

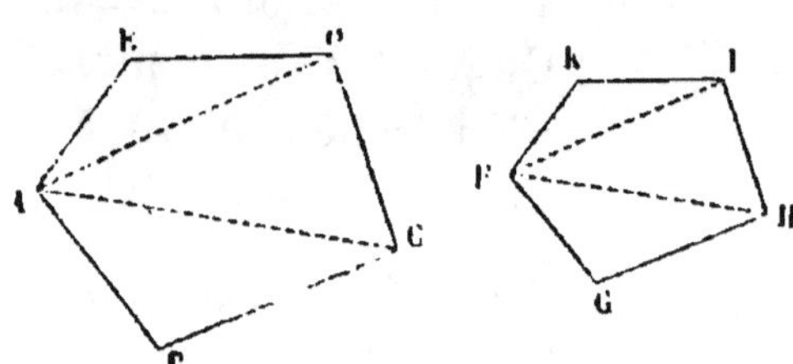

Fig. 122.

sur FH, homologue de AC, le triangle FIH semblable à ADC, et sur FI, homologue de AD, le triangle FIK semblable à ADE. Les deux polygones FGHIK, ABCDE sont alors semblables, car ils sont composés d'un même nombre de triangles semblables deux à deux et semblablement placés (n° 156).

PROBLÈME V.

Réduire une figure à une échelle donnée, c'est-à-dire réduire toutes les lignes d'une figure dans un rapport donné.

169. — On fait cette réduction au moyen des *échelles:*

on nomme ainsi un système de droites convenablement divisées.

Supposons qu'on veuille réduire au millième des distances exprimées en mètres ; on peut faire usage d'une

Fig. 123.

échelle construite de la manière suivante : AE, MR (fig. 123) sont deux droites parallèles tracées sur le papier ou sur une règle plate, ordinairement en cuivre. Elles sont terminées à une perpendiculaire commune AM et divisées en parties AB, BC,... MN, NP,... égales à un centimètre. De plus, AB et MN sont divisées en millimètres, et on a joint le point M au premier point de division de AB, le premier point de division de MN au deuxième point de division de AB, et ainsi de suite. Enfin AM est divisée en 10 parties égales, et par les points de division on a mené des parallèles aux droites AE, MR. Ces parallèles déterminent dans le triangle BON une série de triangles semblables à BON ; la portion de la première parallèle comprise entre BO et BN vaut 0,1 de millimètre ; la portion de la deuxième parallèle vaut 0,2 de millimètre, et ainsi de suite.

170. — Cela posé, supposons qu'on veuille réduire au millième une distance égale à $34^{mm},5$, il faut obtenir une longueur égale à $34^{mm},5$. Or BE égale 3 centimètres ou 30 millimètres, et la distance 4-B égale 4 millim., donc la distance totale 4-E égale 34 millim. ; il faut y ajouter 0,5 de millim., c'est-à-dire la portion de la troisième parallèle comprise entre BO et BN, de sorte que la distance XY égale $34^{mm},5$.

171. — La même échelle peut servir à réduire au centième les distances évaluées en mètres. Les distances AB, BC,... MN, NP,... représentent alors des mètres ; les divisions de AB et de MN représentent des décimètres, et les parallèles horizontales comprises entre BO et BN représentent 1, 2, 3,... 9 centimètres ; dans ce mode de réduction, la distance XY représente $5^m,43$.

Si l'on veut réduire au dix-millième avec la même échelle, on le peut également. Les distances AB, BC,... représentent alors des hectomètres, les divisions de AB, des décamètres, et les parallèles horizontales comprises entre BO et BN représentent 1, 2, 3,... 9 mètres. Dans ce mode XY représente 543 mètres (*).

172. — Les échelles servent aussi à mesurer les distances. On prend une ouverture de compas égale à la distance à mesurer, et on place une des pointes en B, C, D,.., ou E, l'autre pointe étant entre A et B ; on fait ensuite glisser le compas de manière que la première pointe décrive la parallèle BN, CP, DQ... ou ER à AM, jusqu'à ce que la deuxième pointe rencontre une des obliques parallèles à BO. Si, par exemple, la première pointe étant en E, l'autre tombe entre les n°s 4 et 5, et si, en faisant glisser le compas de manière que la première pointe suive ER, la deuxième pointe rencontre en Y, sur la troisième parallèle horizontale, l'oblique parallèle à BO, l'ouverture du compas, égale à XY, vaudra $34^{mm},3$.

(*) Les centimètres et les millimètres représentés figure 123 ainsi que figure 53 sont un peu trop courts, d'un millième environ, parce que le papier humecté pour l'impression se dessèche et se contracte après le *tirage*. Mais ce n'est pas un inconvénient, parce qu'on peut toujours réduire toutes les lignes d'une figure dans un rapport arbitraire, c'est-à-dire qu'on peut supposer que la ligne AB (fig 123) représente à volonté 1^m, 10^m, ou 100^m, quelle que soit sa longueur.

QUESTIONNAIRE.

162 et 163. Comment peut-on diviser une droite en parties égales ?

164. Qu'est-ce que le compas de réduction ? Comment s'en sert-on pour diviser une droite en parties égales ?

165. Comment divise-t-on en parties égales une droite jalonnée ?

166. Comment détermine-t-on une 4° proportionnelle à trois droites données?

167. Comment détermine-t-on une moyenne proportionnelle entre deux droites données ?

168. Comment décrit-on sur une droite donnée un polygone donné ?

169. Que nomme-t-on échelles de réduction ? Comment sont-elles construites ?

170. Comment se sert-on des échelles pour réduire une distance au millième ?

171. Les mêmes échelles peuvent-elles servir à réduire les distances au centième et au dix-millième ?

172. Comment se sert-on des échelles pour mesurer les distances?

PROBLÈMES A RESOUDRE.

27. Trois droites a, b, c, valent 20^m, 18^m et 16^m. Trouver la longueur d'une quatrième proportionnelle à $2a$, $3b$ et $4c$.

28. Deux droites valent $0^m,338$ et $0^m,675$. On demande la longueur d'une moyenne proportionnelle entre la moitié de la première et le tiers de la deuxième.

29. On suppose une échelle de réduction au 1/400. On demande par quelles longueurs réduites seront représentées trois distances égales à 74^m, 85^m et $95^m,6$.

30. On suppose une échelle de réduction au 1/500. On demande quelles distances représentent trois longueurs réduites égales à $0^m,068$, $0^m,085$ et $0^m,113$.

CHAPITRE VII

Applications au levé des plans.

DÉFINITIONS.

173. — Le *levé des plans* est l'art de représenter en petit sur le papier une figure semblable à celle que présente un terrain.

Nous supposerons le terrain horizontal ou à peu près.

Il y a plusieurs manières de faire le levé d'un plan; mais, quelle que soit la méthode suivie, on mesure toujours avec la chaîne d'arpenteur au moins une ligne de la figure; supposons qu'elle soit égale à $36^m,5$; si on prend pour ligne homologue du dessin une ligne 1000 fois plus petite, ou $36^{mm},5$, tous les côtés de la figure seront aussi réduits au millième, et on dit que l'échelle de réduction est 0,001.

1ʳ LEVÉ DES PLANS AVEC LA CHAINE.

174. — Pour lever avec la chaîne seule le plan d'un terrain ABCDE (fig. 124) terminé par des lignes droites, on peut le décomposer en triangles. Soit ABC un de ces triangles, on jalonne ses côtés AB, AC, BC, et on les mesure avec la chaîne d'arpenteur.

Puis on trace sur le papier une droite *ab* qui contienne autant de millimètres, par exemple, que AB contient de mètres ; des points *a* et *b* comme centres, avec des rayons contenant aussi autant de millimètres que AC et BC contiennent de mètres, on décrit deux arcs de cercle qui se coupent en *c*, et les triangles *abc*, ABC sont semblables comme ayant les côtés proportionnels (n° 155). On construit de même des trianges *acd* et *ade* semblables à ACD

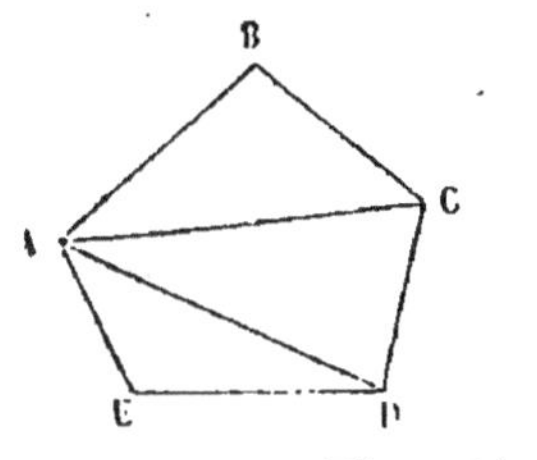
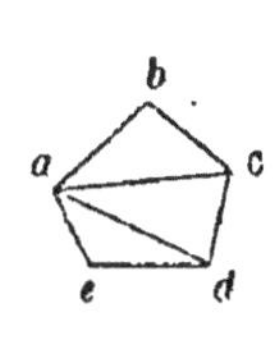

Fig. 124.

et ADE, et les deux figures *abcde* et ABCDE sont semblables, car elles se composent d'un même nombre de triangles semblables deux à deux et semblablement placés (n° 156).

175. — Si le contour du terrain présente des parties curvilignes, on les remplace par des lignes droites qui s'en écartent le moins possible. Il est facile de remplacer ensuite, sur la carte, ces lignes droites par les courbes correspondantes en s'aidant d'un croquis fait sur le terrain ou de la vue du terrain lui-même.

Cette méthode donne des résultats assez satisfaisants, mais elle suppose que l'intérieur du terrain est accessible.

2° LEVÉ DES PLANS AVEC LA CHAINE ET L'ÉQUERRE.

176. — Pour lever avec la chaîne et l'équerre le plan d'un terrain ABCDEFG (fig. 125) on peut jalonner une de ses diagonales AE qui sert de base à l'opération et qu'on nomme *directrice*. Des sommets du polygone on abaisse avec l'équerre sur la directrice des perpendiculaires BH, GI, CK... dont on détermine le pied, et on mesure ces perpendiculaires ainsi que AH, HI, IK... Puis on trace sur

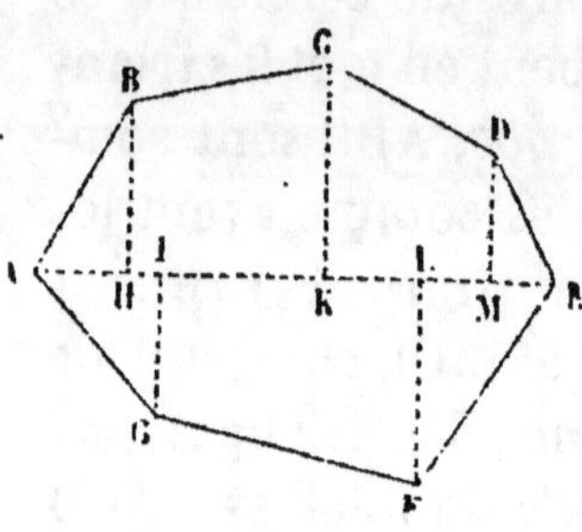

Fig. 125.

le papier une droite *ae* (*) sur laquelle on prend des distances *ah*, *hi*, *ik*... contenant autant de millimètres, par exemple, que AH, HI, IK... contiennent de mètres. On élève aux points de division et dans le sens convenable des perpendiculaires *bh*, *gi*, *ck*... contenant aussi autant de millimètres que BH, GI, CK... contiennent de mètres. On joint *ab*, *bc*, *ag*,... et les deux figures *abcdefg* et ABCDEFG sont semblables, car elles peuvent être décomposées en un même nombre de triangles semblables deux à deux et semblablement placés (**).

177. — Quand l'intérieur du terrain est inaccessible, on peut appliquer cette méthode de la manière suivante. Soit B un bois (fig. 126) ; on trace sur le terrain un rectangle MNPQ qui l'enveloppe de toutes parts ; puis des sommets (ou de points A, B, C, D,... convenablement choisis, si le contour du bois présente des parties curvilignes), on abaisse des per-

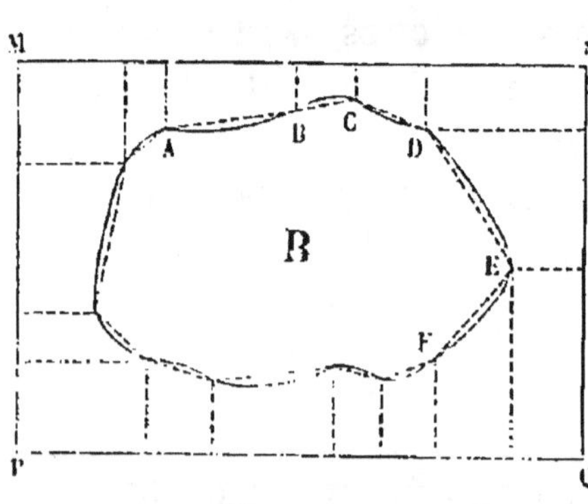

Fig. 126.

bois présente des parties curvilignes), on abaisse des per-

(*) Le lecteur est prié de faire cette deuxième figure.

(**) En effet, les deux triangles ABH, *abh* sont semblables comme ayant un angle égal, l'angle droit, compris entre deux côtés proportionnels. Supposons joints BK et *bk*, les deux triangles BHK, *bhk* sont semblables pour la même raison, donc BK = 1000 *bk*, et l'angle BKH = *bkh*. Si l'on retranche ces angles égaux des angles droits K et *k*, les restes sont égaux, c'est-à-dire que l'angle BKC = *bkc* ; donc les deux triangles BKC, *bkc* sont aussi semblables comme ayant un angle égal compris entre deux côtés proportionnels, et ainsi de suite.

pendiculaires sur les côtés du rectangle. On mesure ces perpendiculaires, ainsi que les distances de leurs pieds et les côtés du rectangle. Puis on trace sur le papier un rectangle *mnpq* dont les côtés contiennent autant de millimètres, par exemple, que ceux du rectangle MNPQ contiennent de mètres ; on prend sur ces côtés des distances successives contenant aussi autant de millimètres que les distances mesurées sur le terrain contiennent de mètres, et par les points de division on mène des perpendiculaires contenant encore autant de millimètres que celles du terrain contiennent de mètres. On joint les sommets de ces perpendiculaires, et on a le plan du terrain.

3° LEVÉ DES PLANS AVEC LA CHAINE ET LA PLANCHETTE.

178. — Il y a trois manières de se servir de la planchette.

179. — 1° *Méthode à une seule station.*

Soit ABCDEF (fig. 127) le terrain polygonal dont on veut lever le plan. On choisit dans l'intérieur du polygone une station d'où l'on puisse apercevoir tous les sommets ; on y installe la planchette horizontalement après l'avoir recouverte d'une feuille de papier bien tendue. On marque un point *o* sur le papier et on fixe une aiguille à ce point, puis on détermine le point

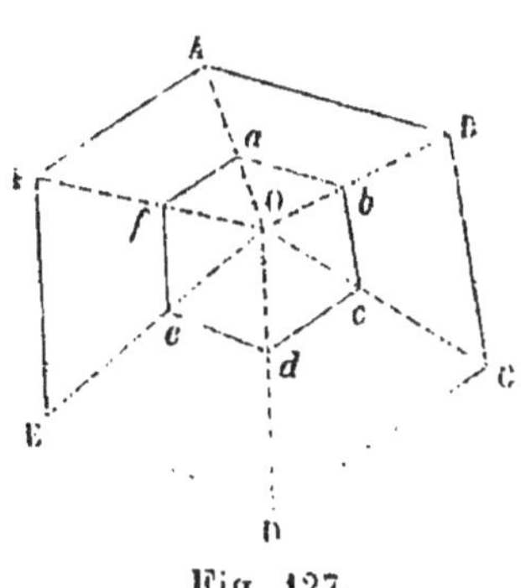

Fig. 127.

O du terrain sur la même verticale que *o*, en laissant tomber, par exemple, une bille de dessous O. On applique le bord de l'alidade mobile contre l'aiguille, on vise successivement les sommets A, B, C,... indiqués par des jalons, et on trace sur le papier des lignes de visée *oa*, *ob*, *oc*,... en suivant chaque fois avec un crayon ou un tire-ligne le bord de l'alidade. On mesure ensuite avec la chaîne les lignes OA, OB, OC,... et on prend des distances *oa*, *ob*, *oc*,... contenant autant de millimètres, par exemple, que les lignes OA, OB, OC... contiennent de mètres. On joint *ab*, *bc*, *cd*... et les deux figures *abcdef*, ABCDEF sont semblables, car elles se composent d'un même nombre de triangles semblables deux à deux et semblablement placés. Les triangles sont semblables comme ayant un angle égal compris entre deux côtés proportionnels.

180. — 2° *Méthode à deux stations ou méthode des intersections.*

Soit ABCDEF (fig. 128) le terrain dont on veut lever le plan. On jalonne et on mesure à la chaîne un de ses côtés AB qui sert de base à l'opération et qu'on nomme *directrice*. Puis on trace sur la planchette une droite *ab* contenant, par exemple, autant de millimètres que AB contient de mètres. On installe la planchette horizontalement à l'une des extrémités A de la directrice, de manière que cette extrémité soit sur la même verticale que *a* et que les deux directrices AB et *ab*

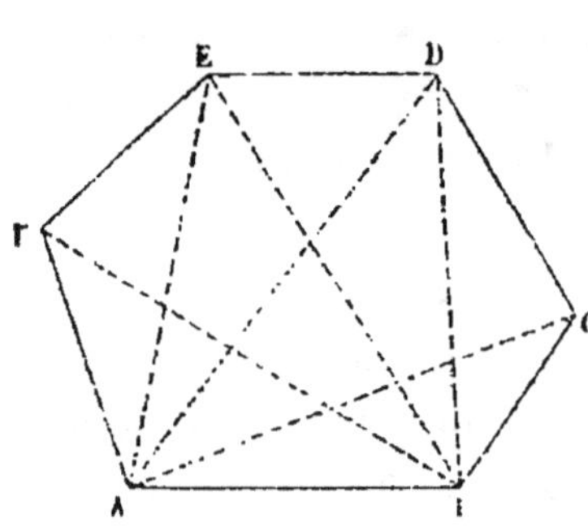

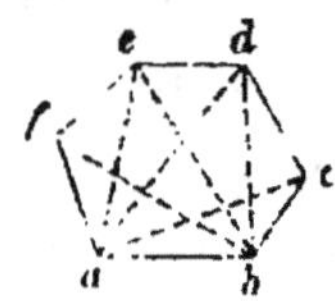

Fig. 128.

soient dans le même plan vertical ; cela s'appelle *orienter* la planchette. On fixe alors une aiguille en *a*, on applique le bord de l'alidade mobile contre l'aiguille, on vise successivement les sommets C, D, E, F, indiqués au moins par des jalons, et on trace sur le papier les lignes de visée *ac*, *ad*, *ae*, *af*, en suivant le bord de l'alidade. On transporte la planchette à l'autre extrémité B de la directrice, de manière que cette extrémité soit sur la même verticale que *b*, et que les deux directrices *ab* et AB soient encore dans le même plan vertical. On fixe l'aiguille en *b*, on applique le bord de l'alidade contre l'aiguille, on vise de nouveau les sommets C, D, E, F et on trace les lignes de visée *bc*, *bd*, *be*, *bf*. Les rencontres de ces lignes deux à deux déterminent la position des sommets *c*, *d*, *e*, *f*. On joint *cd*, *de*, *ef*, et les deux figures *abcdef*, ABCDEF sont semblables, car elles peuvent être décomposées en un même nombre de triangles semblables deux à deux et semblablement placés (*).

La mesure directe des longueurs présente souvent des difficultés : aussi cette méthode, où l'on n'a qu'une base à mesurer, est-elle plus usitée que la méthode à une seule station.

Elle est assez expéditive ; mais elle donne des résultats médiocrement précis, parce qu'un point est mal déterminé par la rencontre de deux droites lorsqu'elles font entre elles un angle trop aigu ou trop obtus.

181. — On ne prend pas toujours pour base un côté du polygone; on peut prendre une ligne quelconque facile à mesurer et telle que de chacune de ses extrémités on puisse apercevoir tous les sommets. Si le terrain présente quelques sommets voisins du prolongement de la directrice, pour éviter des angles trop aigus, on les rapporte à

(*) En effet, les deux triangles ABC, *abc* sont semblables comme ayant les angles égaux deux à deux (n° 153), donc AC = 1000 *ac* ; les deux triangles ABD, *abd* sont semblables pour la même raison, donc AD = 1000 *ad*. D'ailleurs l'angle BAD = *bad* et l'angle BAC = *bac*, donc BAD — BAC ou CAD = *bad* — *bac* ou *cad*, et les deux triangles CAD, *cad* sont semblables comme ayant un angle égal compris entre deux côtés proportionnels (n° 154). On démontrerait de même que les triangles ADE et AEF sont respectivement semblables aux triangles *ade* et *aef*.

une directrice auxiliaire qu'on relie à la première par des opérations analogues.

182. — 3° *Méthode de cheminement.*

Soit encore ABCDEF (fig. 128) le terrain dont on veut lever le plan. On mesure à la chaîne le côté AB, puis on trace sur la planchette une droite *ab* contenant, par exemple, autant de millimètres que AB contient de mètres. On plante une aiguille en *b* ; on installe horizontalement la planchette de manière que le point B soit la même verticale que *b*, et on la fait tourner jusqu'à ce que AB et *ab* soient dans le même plan vertical, ce qui a lieu quand, au moyen de l'alidade mobile appliquée contre l'aiguille le long de *ab*, on aperçoit le jalon placé en A. On fait alors tourner l'alidade autour de l'aiguille, on vise le sommet C et on trace sur le papier la ligne de visée *bc* en suivant le bord de l'alidade. On mesure avec la chaîne la longueur BC et on prend *bc* contenant autant de millimètres, par exemple, que BC contient de mètres. En transportant successivement la planchette aux points C, D, E, on détermine de la même manière le point *d* au moyen de la base BC, le point *e* au moyen de la base CD et le point *f* au moyen de la base DE. On joint *af*, et les deux figures *abcdef*, ABCDEF sont semblables, car elles peuvent être décomposées en un même nombre de triangles semblables deux à deux et semblablement placés (*).

183. — Il y a deux vérifications : 1° si on transporte la planchette en F de manière que le point F soit sur la même verticale que *f* ; si on l'oriente en prenant EF pour base et

---

(*) En effet, les deux triangles ABC, *abc* sont semblables comme ayant un angle égal compris entre deux côtés proportionnels, donc AC = 1000 *ac* et l'angle BCA = *bca* ; mais on a aussi l'angle BCD = *bcd*, donc l'angle BCD — BCA ou ACD = *bcd* — *bca* ou *acd* ; donc les deux triangles ACD, *acd* sont semblables comme ayant un angle égal compris entre deux côtés proportionnels. Et ainsi de suite.

si on fait avec l'alidade un angle f égal à F, le côté de l'angle doit passer par a ; et 2° si on mesure AF avec la chaîne et af avec le double décimètre, on doit trouver que AF contient autant de mètres que af contient de millimètres.

184. — Cette méthode est la seule qu'on puisse employer, quand l'intérieur du terrain est inaccessible et présente en même temps des obstacles qui arrêtent la vue.

4° LEVÉ DES PLANS AVEC LA CHAINE ET LE GRAPHOMÈTRE.

185. — Lorsqu'on veut une grande précision, au lieu de tracer sur la planchette même la direction des lignes de visée, on mesure les angles qu'elles font entre elles. On emploie alors le graphomètre. Il y a trois manières de s'en servir.

1° *Méthode à une station.* On mesure avec le graphomètre les angles AOB, BOC, COD,... (fig. 127) et avec la chaîne les distances OA, OB, OC... Puis on fait sur le papier, avec le rapporteur, des angles aob, boc, cod,... respectivement égaux à ceux du terrain, on prend les distances oa, ob, oc,... contenant respectivement autant de millimètres que OA, OB, OC,... contiennent de mètres, et on joint ab, bc, cd... (même démonstration qu'au n° 179).

2° *Méthode des deux stations.* On mesure avec la chaîne la base AB (fig. 128) et avec le graphomètre les angles BAC, BAD, BAE, BAF, ainsi que ABC, ABD, ABE, ABF. Puis on trace sur le papier une droite ab contenant autant de millimètres que AB contient de mètres, par exemple ; on fait avec le rapporteur au point a les angles bac, bad, bae, baf respectivement égaux à BAC, BAD, BAE, BAF, et au point b les angles abc, abd, abe, abf, respectivement égaux à ABC, ABD, ABE, ABF ; et on joint cd, de, ef (même démonstration qu'au n° 180).

5° *Méthode de cheminement*. On mesure avec la chaîne les côtés AB, BC, CD, DE, EF (fig. 128) et avec le graphomètre les angles B, C, D, E. Puis on trace sur le papier une suite de droites ab, bc, cd, de, ef, contenant respectivement autant de millimètres que AB, BC, CD, DE, EF contiennent de mètres, et comprenant deux à deux des angles b, c, d, e, respectivement égaux à B, C, D, E (on décrit ces angles au moyen du rapporteur) ; on joint af (même démonstration qu'au n° 182).

5° LEVÉ DES PLANS AVEC LA CHAINE ET LA BOUSSOLE.

186.—La boussole (fig. 64) peut remplacer le graphomètre avec quelque avantage : elle fournit un moyen très-expéditif de faire le levé d'un plan ; mais les résultats qu'elle fournit sont peu exacts, à cause des variations auxquelles l'aiguille est soumise. On n'en fait généralement usage que pour relever quelques détails d'un plan, tels que le cours d'une rivière, les sinuosités d'une route.

Supposons qu'on veuille représenter le cours d'une rivière ; on remplace les sinuosités de la rivière par des lignes droites AB, BC, CD,... qui s'en écartent le moins possible (fig. 129). On mesure à la chaîne les distances

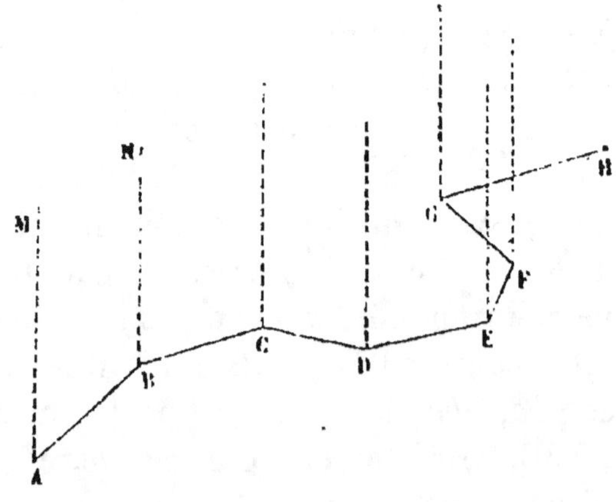

Fig. 129.

successives AB, BC, CD,... et avec la boussole les angles successifs MAB, NBC... que les côtés AB, BC... font avec la direction constante de l'aiguille aimantée. Supposons que l'échelle de réduction du plan soit 0,001 ; on trace au crayon sur le papier une suite de droites ab, bc, cd... contenant respectivement autant de millimètres que AB, BC, CD... contiennent de mètres et faisant avec une direction constante des angles mab, nbc... respectivement égaux à MAB, NBC... (on décrit ces angles au moyen du rapporteur). On remplace ensuite sur la carte les lignes droites ab, bc, cd... par les sinuosités correspondantes, en s'aidant d'un croquis fait sur le terrain ou de la vue du terrain lui-même.

QUESTIONNAIRE.

173. Qu'est-ce que le levé des plans ?

174. Comment lève-t-on un plan avec la chaine ?

175. Comment fait-on quand le contour du terrain présente des parties curvilignes ?

176. Comment lève-t-on un plan avec la chaine et l'équerre ?

177. Comment fait-on quand l'intérieur du terrain est inaccessible ?

178. Combien y a-t-il de méthodes pour lever un plan avec la chaine et la planchette ?

179. En quoi consiste la méthode à une seule station ?

180. En quoi consiste la méthode à deux stations ou des intersections ?

181. Comment fait-on quand on ne peut pas prendre pour base de l'opération un côté du polygone ?

182. En quoi consiste la méthode de cheminement ?

183. Comment peut-on vérifier cette méthode ?

184. Dans quelle circonstance l'emploie-t-on ?

185. Comment lève-t-on un plan avec la chaine et le graphomètre, au moyen d'une station, de deux stations, par cheminement ?

186. Comment lève-t-on les détails d'un plan avec la chaine et la boussole ?

CHAPITRE VIII

Applications à la mesure des distances inaccessibles.

PROBLÈME I.

187. — *Déterminer la distance d'un point donné A à un point inaccessible mais visible B (fig. 130).*

On mesure sur le terrain avec la chaîne une base AC et avec le graphomètre les angles A et C. Puis on trace sur le papier une droite *ac* contenant, par exemple, autant de millimètres que AC contient de mè

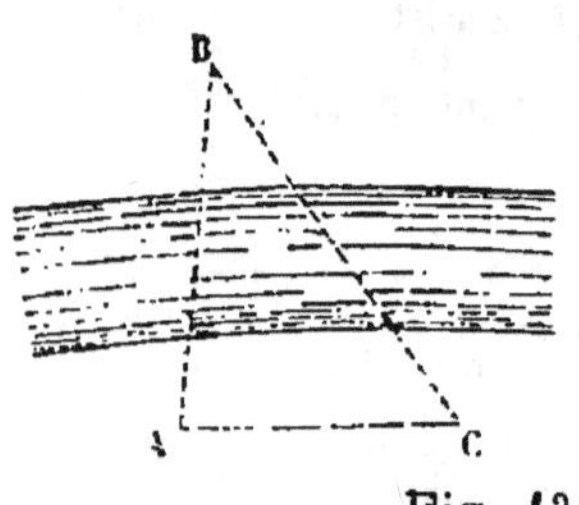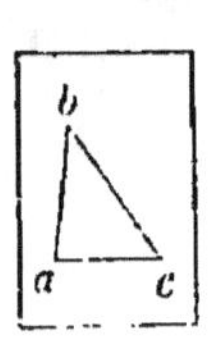

Fig. 130.

tres, et on fait avec le rapporteur, aux points *a* et *c*, des angles respectivement égaux à A et à C. On mesure *ab* au moyen des échelles, et AB contient autant de mètres que *ab* contient de millimètres, car les deux triangles ABC et *abc* sont semblables comme ayant les angles égaux (n° 153).

PROBLÈME II.

188. — *Déterminer la distance de deux points inaccessibles mais visibles P et Q (fig. 131).*

On choisit sur le terrain une base AB et on relève le plan ABPQ par la méthode des intersections, c'est-à-dire qu'on mesure avec la chaîne la base AB et avec le graphomètre

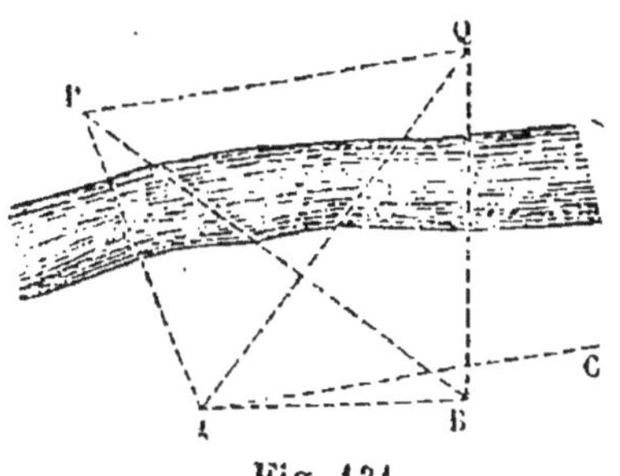

Fig. 131.

les angles BAP, BAQ, et ABP, ABQ. Puis on trace sur le papier une droite *ab* contenant, par exemple, autant de millimètres que AB contient de mètres. On fait avec le rapporteur au point *a* les angles *bap*, *baq* respectivement égaux à BAP, BAQ, et au point *b* les angles *apb*, *abq* respectivement égaux à ABP, ABQ, et on joint *pq* qu'on mesure au moyen des échelles. PQ contient autant de mètres que *pq* contient de millimètres (180).

189. — REMARQUE. Si l'on voulait mener par le point A une parallèle à la droite inaccessible PQ, on lèverait le plan ABPQ, on mènerait sur la carte une parallèle *ac* à *pq*, on mesurerait avec le rapporteur l'angle *pac* et on ferait avec le graphomètre placé en A, un angle PAC égal à *pac*. La droite AC serait parallèle à PQ (*).

PROBLÈME III.

190. — *Déterminer la hauteur verticale AB d'un édifice dont le pied est accessible* (fig. 132).

On mesure à la chaîne une base BC partant du pied de l'édifice, puis on installe le graphomètre au-dessus du point C de manière que le limbe soit vertical et que l'alidade fixe soit horizontale. La première condition est remplie quand un fil à plomb s'applique dans le plan du limbe, et la deuxième l'est quand un fil à plomb passant par le centre passe aussi par la 90e division. On vise avec l'ali-

---

(*) En effet, les angles PAC et *pac* sont égaux ainsi que APQ et *apq*, mais *pac* est le supplément de *apq* puisque *ac* est parallèle à *pq*; donc PAC est aussi le supplément de APQ et AC est parallèle à PQ (n° 59).

dade fixe un point M de l'édifice et avec l'alidade mobile le sommet A. On lit sur le limbe la valeur de l'angle AOM.

On trace ensuite sur le papier une droite *om* contenant autant de millimètres, par exemple, que OM ou son égale BC contient de mètres, on élève au point *m* une perpendiculaire à cette droite et on fait avec le rapporteur au point *o* un angle égal à l'angle O. On obtient ainsi un triangle *aom* semblable à AOM, car ils

Fig. 132.

ont les angles égaux. On mesure *am* au moyen des échelles, et AM contient autant de mètres que *am* contient de millimètres. Il faut ajouter à AM la distance MB, qui en général ne diffère pas beaucoup de la hauteur OC du graphomètre sur un terrain à peu près horizontal.

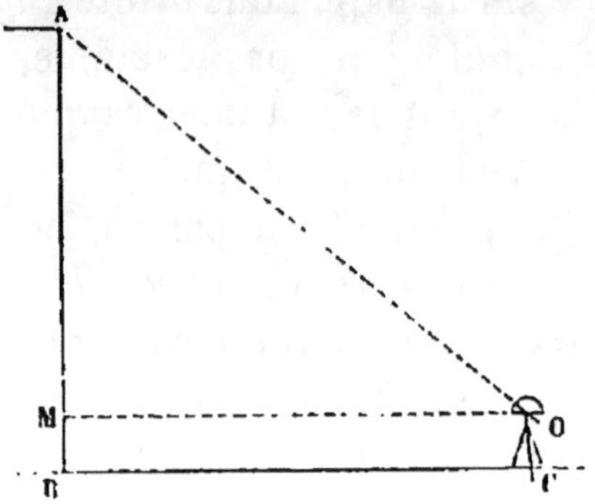

PROBLÈME IV.

191. — *Déterminer la hauteur verticale* AB *d'un édifice dont le pied est inaccessible* (fig. 133).

On trace un alignement CD passant par le pied B de l'édifice. On prend deux stations C et D sur cet alignement et on mesure CD à la chaîne. On installe successivement le graphomètre au-dessus des points C et D, de manière que son limbe soit vertical et que l'alidade fixe soit sur la même ligne horizontale. Cette condition est remplie quand, avec l'alidade horizontale fixe, on vise des deux stations le même point E de la tour ou un même point plus rapproché pris sur l'alignement BC. Pour y satisfaire, on élève ou on abaisse le graphomètre à l'une des stations en rapprochant ou en écartant les trois branches qui en forment le pied. On mesure les angles AFG et AGF.

On trace ensuite sur le papier une droite *fg* contenant

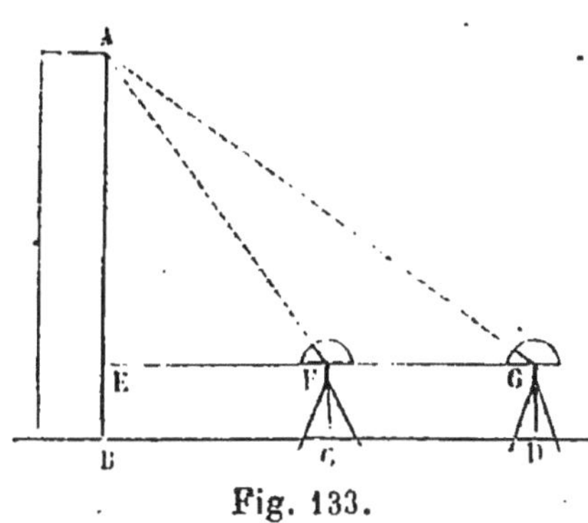
Fig. 133.

autant de millimètres, par exemple, que FG ou son égale CD contient de mètres, et on fait avec le rapporteur aux points *f* et *g* des angles respectivement égaux à AFG et AGF. On obtient ainsi un triangle *afg* semblable à AFG, car ils ont les angles égaux. On mène la hauteur *ae* de ce triangle et on la mesure au moyen des échelles. AE contient autant de mètres que *ae* contient de millimètres ; car les deux triangles AEF, *aef* sont semblables comme ayant les angles égaux (n° 153). Ils ont les angles E et *e* égaux comme droits et les angles AFE et *afe* égaux comme suppléments des angles égaux AFG et *afg*. Il faut ajouter à AE la hauteur CF du graphomètre qui, en général, ne diffère pas beaucoup de BE sur un terrain à peu près horizontal.

On peut déterminer de la même manière la hauteur verticale d'une colline.

PROBLÈME V.

192. — *Prolonger sur le terrain une ligne droite AG (fig. 134) au delà d'un obstacle qui arrête la vue.*

On élève avec l'équerre une perpendiculaire AB à AG, puis une perpendiculaire BC à AB et une perpendiculaire CE à BC. On prend sur celle-ci, avec la chaîne, une distance CE = AB, et par le point E on mène encore EF perpendiculaire à EC ; EF est le prolongement de AG. En effet, si on suppose joints A, E, la figure ABCE est un parallélogramme, car les deux côtés AB et CE sont égaux et parallèles (n° 65); donc AE est parallèle à BC; mais AG

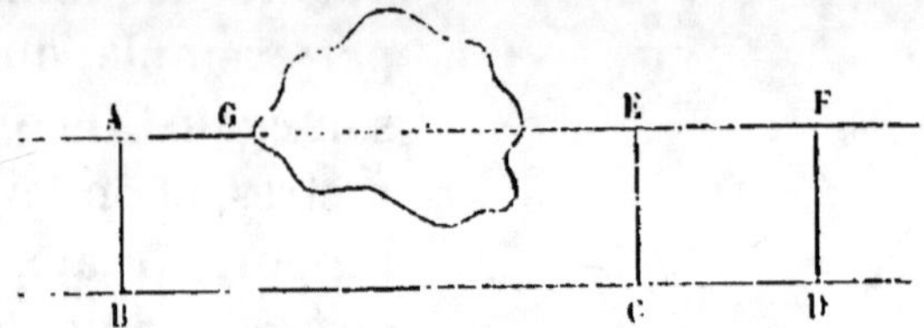

Fig. 134.

et EF sont aussi parallèles à BC ; donc elles se confondent avec AE, c'est-à-dire qu'elles sont le prolongement l'une de l'autre.

On peut déterminer le point F, comme le point E, en menant à BC une deuxième perpendiculaire DF égale à AB; on joint EF.

QUESTIONNAIRE.

187. Comment peut-on déterminer la distance d'un point donné à un point inaccessible, mais visible ?

188. Comment peut-on déterminer la distance de deux points inaccessibles mais visibles ?

189. Comment peut-on mener par un point donné une parallèle à une droite inaccessible ?

190. Comment détermine-t-on la hauteur verticale d'un édifice dont le pied est accessible ?

191. Comment détermine-t-on la hauteur verticale d'un édifice dont le pied est inaccessible, ou la hauteur verticale d'une colline ?

192. Comment prolonge-t-on sur le terrain une ligne droite au delà d'un obstacle qui arrête la vue ?

PROBLÈMES A RESOUDRE.

31. Déterminer la distance d'un point accessible A à un point inaccessible B (fig. 135), connaissant une base AC = 35^m, l'angle A = 52° et l'angle C = 61° 30'.

32. Déterminer la distance d'un point accessible A à un point inaccessible B (fig. 135), connaissant une base AC = 36^m,40, l'angle A = 44° 30 et l'angle C = 55°.

33. On mesure sur le bord d'une rivière une base de 60^m. D'une extrémité de cette base on vise sur l'autre bord un point tel que la ligne de visée est perpendiculaire à la base ; on vise le même point de l'autre extrémité de la base, et la ligne de visée fait avec la base un angle de 52°. Quelle est la largeur de la rivière ?

34. Déterminer la distance de deux points inaccessibles P et Q (fig. 131), connaissant une base AB = 79ᵐ, l'angle PAB = 83°,

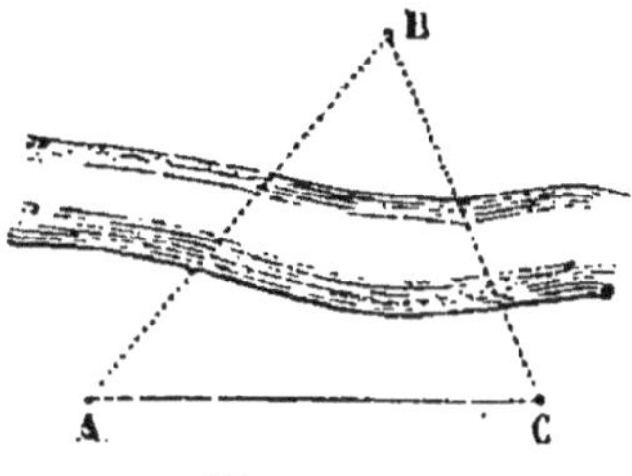

Fig. 135.

l'angle QAB = 41°, l'angle QBA = 75° 30', et l'angle PBA = 28° 30'.

35. Déterminer la distance de deux points inaccessibles P et Q (fig. 131), connaissant une base AB = 83ᵐ,20, l'angle PAB = 99°, l'angle BAQ = 57° 30' l'angle ABQ = 93° 30', et l'angle ABP = 49°.

36. L'angle d'élévation A'C'B du sommet B d'une tour verticale (fig. 136) est égal à 48° 30', à 72ᵐ du pied de la tour.

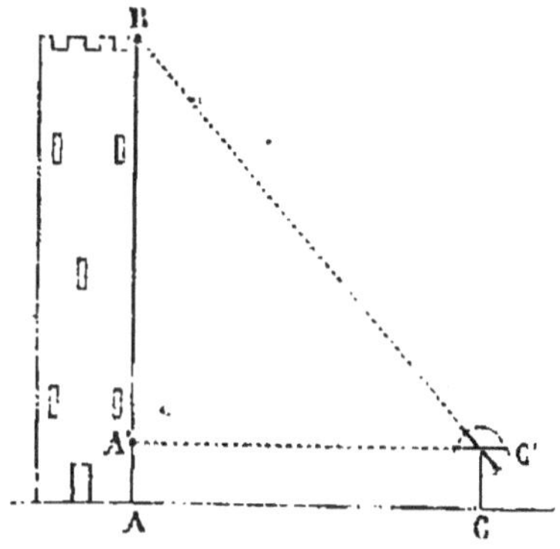

Fig. 136.

Quelle est la hauteur de la tour, en supposant la hauteur verticale CC' du graphomètre égale à 1ᵐ,25 ?

37. Déterminer la hauteur d'une tour verticale qui donne 48ᵐ d'ombre lorsque le soleil est élevé de 52° 30' au-dessus de l'horizon.

38. L'angle d'élévation AGF (fig. 133) du sommet d'une tour verticale dont le pied est inaccessible, est égal à 21° 30'. On s'avance de 40ᵐ vers la tour; l'angle d'élévation AFE du sommet de la tour est alors égal à 40°. Quelle est la hauteur AB de la tour? La base d'observation est horizontale et la hauteur du graphomètre = 1ᵐ,50.

39. Déterminer la hauteur du soleil lorsque la longueur de l'ombre d'un style vertical, exposé au soleil, est la moitié de la hauteur du style. On nomme hauteur du soleil l'angle que la droite menée à son centre fait avec le plan de l'horizon.

40. Deux observateurs, éloignés l'un de l'autre de 2 kilomètres, mesurent au même instant les hauteurs d'un point remarquable d'un nuage. Ce point est dans le plan vertical de la base d'observation et les angles d'élévation sont 72° et 84°. Quelle est la hauteur du nuage, en supposant que les deux observateurs ont le même horizon ?

41. Déterminer la hauteur du soleil, lorsqu'une canne de 2^m, exposée verticalement au soleil, donne une longueur d'ombre de 1^m,50.

42. Une colonne est surmontée d'une statue. A 22^m,90 du pied de la colonne, les angles d'élévation du sommet de la colonne et du sommet de la statue valent 33° et 35°, de sorte que l'angle sous lequel on voit la statue égale 2°. On demande quelle est la hauteur de la statue.

CHAPITRE IX

Applications à la mesure des surfaces planes.

DÉFINITIO S.

193. — L'unité de surface est le mètre carré, c'est un carré dont tous les côtés valent un mètre.

194. — Il vaut 100 décimètres carrés. Supposons en effet (fig. 137) un carré d'un mètre de côté. Si on partage les deux côtés adjacents de ce carré en 10 parties égales, chaque division vaut un décimètre ; et si par les points de division de chaque côté on mène deux parallèles aux côtés adjacents, on décompose le mètre carré en 10 tranches de 10 décimètres carrés chacune ; dont il vaut 10 fois 10 ou 100 décimètres carrés.

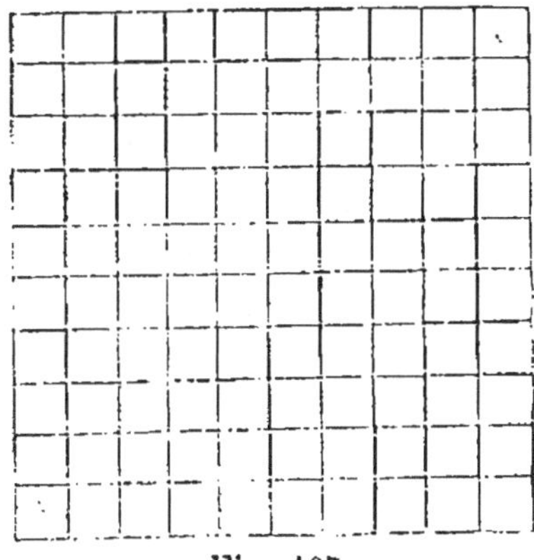

Fig. 137.

195. — On verrait de même que le décimètre carré vaut 100 centimètres carrés, et le centimètre carré 100 millimètres carrés, de sorte que le mètre carré vaut 100 fois 100 ou 10 000 centimètres carrés, et 10 000 fois 100 ou 1 000 000 de millimètres carrés.

196. — Mesurer une surface, c'est déterminer combien

elle contient de mètres carrés et de parties égales du mètre carré.

197. — Pour la mesure de terrains, l'unité est l'are ; c'est un décamètre carré, c'est-à-dire un carré de 10 mètres de côté. On verrait, comme précédemment, qu'il peut se décomposer en 10 tranches de 10 mètres carrés chacune, et qu'il vaut par conséquent 10 fois 10 ou 100 mètres carrés.

198. — L'*aire* d'une figure est la mesure de sa surface.

199. — On nomme figures *équivalentes* les figures qui ont des aires égales sans être superposables.

200. — On nomme base d'un rectangle un côté quelconque, et hauteur le côté adjacent.

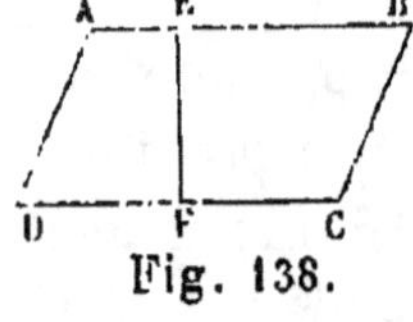

Fig. 138.

La hauteur d'un parallélogramme ABCD (fig. 138) est la perpendiculaire EF commune aux deux côtés opposés AB, CD pris pour bases.

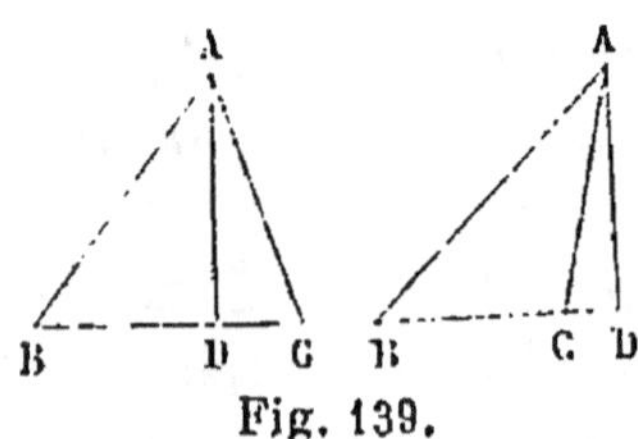

Fig. 139.

La hauteur d'un triangle ABC (fig. 139) est la perpendiculaire AD abaissée d'un sommet A sur le côté opposé BC pris pour base, ou sur son prolongement.

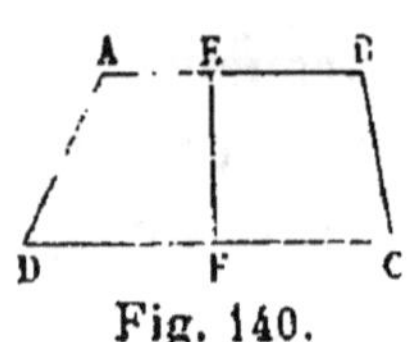

Fig. 140.

La hauteur d'un trapèze ABCD (fig. 140) est la perpendiculaire EF commune aux deux côtés parallèles AB, CD qu'on nomme les bases.

QUESTIONNAIRE.

193. Quelle est l'unité de surface ?

194. Démontrer que le mètre carré vaut 100 décimètres carrés.

195. Combien vaut-il de centimètres carrés, de millimètres carrés ?

196. Qu'est-ce que mesurer une surface ?

197. Qu'est-ce que l'are ? Combien vaut-il de mètres carrés ?

168. Qu'est-ce que l'aire d'une figure ?

199 Que nomme-t-on figures équivalentes ?

200. Que nomme-t-on base et hauteur d'un rectangle, d'un parallélogramme, d'un triangle, d'un trapèze ?

---

§ 8. — MESURE DE L'AIRE DU RECTANGLE, DU PARALLÉLOGRAMME, DU TRIANGLE ET DU TRAPÈZE.

THÉORÈME I.

201. — *L'aire d'un rectangle* ABCD (fig. 141) *est égale au produit de sa base par sa hauteur.*

Supposons d'abord que la base et la hauteur soient représentées par des nombres entiers. Soient, par exemple,

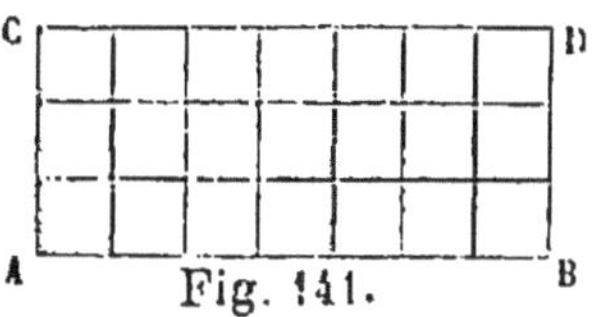

AB $= 7$ m. et AC $= 3$ m. ; si on partage la base en 7 parties égales et la hauteur en trois parties égales, chaque division vaut 1 m. ; et si par les points de division on mène des parallèles aux côtés adjacents, on décompose le rectangle en 3 tranches de 7 mètres carrés chacune ; donc il vaut 3 fois 7 ou 21 mètres carrés.

Supposons encore que la base et la hauteur soient représentées par des nombres fractionnaires. Soient, par exemple, AB $= 2^m,4$ ou 240 centimètres, et AC $= 0^m,64$ ou 64 centimètres. Si on partage la base en 240 parties égales et la hauteur en 64 parties égales, chaque division vaut 1 centimètre ; et si par les points de division on mène des parallèles aux côtés adjacents, on décompose le rectangle en 240 tranches de 64 centimètres carrés chacune ; donc il vaut 240 fois 64 ou 15360 centimètres carrés. Or le centimètre carré est un dix-millième de mètre carré, donc le nombre précédent = 1^{mq},5360, c'est-à-dire le produit de la base 2,4 par la hauteur 0,64

Le carré est un rectangle dont les côtés adjacents sont égaux; donc l'aire du carré est égale au carré de son côté. Ainsi le carré de 7 mètres de côté vaut 49 mètres carrés.

202. — Conséquence. Si la base d'un rectangle devient 2,3,4,.... fois plus grande, sa hauteur ne changeant pas, sa surface devient aussi 2,3,4,... fois plus grande ; donc deux rectangles de même hauteur sont entre eux comme leurs bases.

THÉORÈME II.

203. — *L'aire d'un parallélogramme ABCD (fig. 142) est égale au produit de sa base AB par sa hauteur BE.*

On construit le rectangle ABEF qui a même base AB que le parallélogramme et même hau-

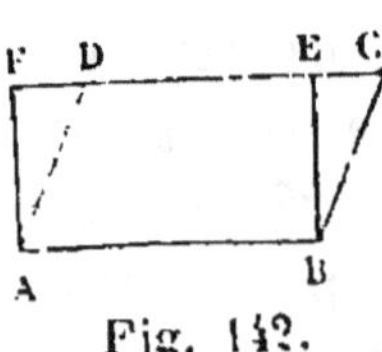

Fig. 142.

teur BE, en élevant aux points A et B des perpendiculaires à AB terminées à CD. Les deux triangles ADF, BCE sont égaux comme ayant un angle égal compris entre deux côtés égaux chacun à chacun, savoir l'angle DAF = CBE comme ayant les côtés parallèles et dirigés dans le même sens, AD = BC comme côtés opposés d'un parallélogramme, et AF = BE comme côtés opposés d'un rectangle. Or si au trapèze ABED on ajoute le triangle ADF, on a le rectangle, et si à ce trapèze on ajoute le triangle BCE, on a le parallélogramme; donc le parallélogramme est équivalent au rectangle. Mais le rectangle a pour mesure AB×BE, donc le parallélogramme a la même mesure, c'est-à-dire le produit de sa base par sa hauteur.

Conséquence. Si la base d'un parallélogramme devient 2,3,4,... fois plus grande, la hauteur ne changeant pas, la surface devient 2,3,4.... fois plus grande, donc deux parallélogrammes de même hauteur sont entre eux comme leurs bases.

THÉORÈME III.

204. — *L'aire d'un triangle ABC (fig. 143) est égale à la moitié du produit de sa base BC par sa hauteur AE.*

On construit le parallélogramme ABCD qui a même base BC et même hauteur AE que le triangle, en menant AD parallèle à BC, et CD parallèle à AB. Les deux triangles

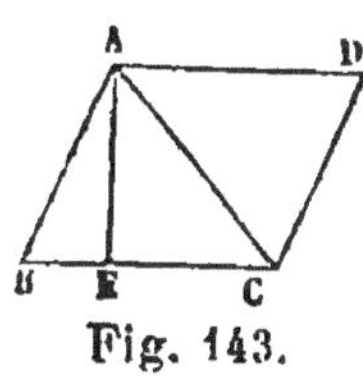
Fig. 143.

ABC, ACD sont égaux comme ayant un côté égal adjacent à deux angles égaux chacun à chacun (n° 63) ; donc le triangle ABC est la moitié du parallélogramme ABCD. Or le parallélogramme a pour mesure BC $\times$ AE ; donc le triangle ABC a pour mesure la moitié de ce produit, c'est-à-dire la moitié du produit de sa base par sa hauteur.

Remarque. Pour avoir la moitié d'un produit de deux facteurs, il suffit de prendre la moitié d'un des facteurs ; donc l'aire d'un triangle est aussi égale au produit de sa base par la moitié de sa hauteur ou au produit de sa hauteur par la moitié de sa base.

Si la base d'un triangle devient 2, 3, 4... fois plus grande, la hauteur restant la même, la surface devient 2, 3, 4,... fois plus grande ; donc deux triangles de même hauteur sont entre eux comme leurs bases. On verrait de même que deux triangles de même base sont entre eux comme leurs hauteurs.

THÉORÈME IV.

205. — *L'aire d'un trapèze est égale au produit de la demi-somme de ses deux bases par sa hauteur.*

Supposons que ABCD (fig. 143) soit un trapèze, et que AD, BC soient les bases parallèles. Si on mène la diagonale AC, on décompose le trapèze en deux triangles qui ont des hauteurs égales, car deux parallèles sont partout également distantes (n° 64). Or, l'aire d'un triangle est égale au produit de la moitié de sa base par sa hauteur,

donc l'aire du triangle $ABC = \dfrac{BC}{2} \times AE$ et celle du

triangle $ACD = \dfrac{AD}{2} \times AE$; donc l'aire du trapèze qui en est

$$\text{la somme} = \frac{BC}{2} \times AE + \frac{AD}{2} \times AE \text{ ou } \left(\frac{BC}{2} + \frac{AD}{2}\right) \times AE,$$

c'est-à-dire le produit de la demi-somme des deux bases par la hauteur.

REMARQUES. On obtient le même résultat en multipliant la somme des deux bases par la demi-hauteur.

Tous les trapèzes qui ont des bases égales et des hauteurs égales sont équivalents.

---

§ 2. — MESURE DE L'AIRE D'UNE FIGURE PLANE QUELCONQUE.

PROBLÈME I.

206. — *Trouver l'aire d'un polygone quelconque.*

On peut décomposer le polygone en triangles en joignant un de ses sommets à tous les autres, ou bien en joignant à tous les sommets un point pris dans l'intérieur du polygone. On calcule les aires de ces triangles et on en fait la somme.

Dans l'arpentage il est plus commode de décomposer le polygone en triangles rectangles et en trapèzes, en abaissant des sommets des perpendiculaires sur la plus grande diagonale. On calcule les aires de toutes ces figures et on en fait la somme (fig. 125).

PROBLÈME II.

207. — *Trouver l'aire approchée d'un terrain limité dans une de ses parties par une ligne courbe.*

Soit AabcdC (fig. 144) la courbe qui limite le terrain dans une de ses parties. En joignant AC, on a à évaluer

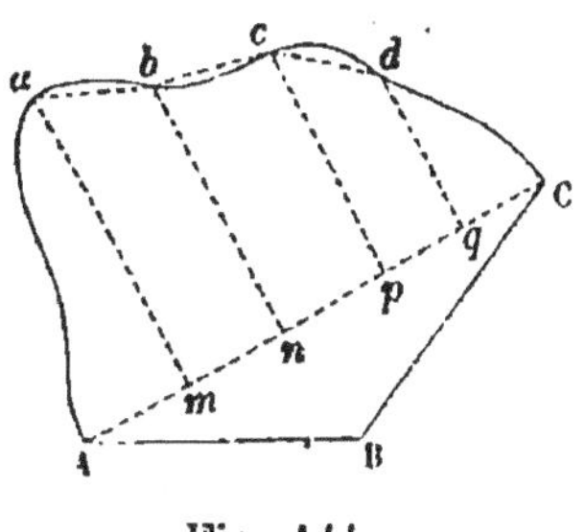
Fig. 144.

la surface comprise entre la courbe et cette droite. On divise AC en parties égales, en 5, par exemple, et par les points de division on élève des perpendiculaires à AC terminées à la courbe. On décompose la surface en 3 trapèzes et en 2 triangles extrêmes qu'on regarde comme des figures rectilignes; on calcule les aires de ces figures et on en fait la somme S.

Nommons h la hauteur commune de ces figures, y_1, y_2, y_3 et y_4 les perpendiculaires qui en forment les bases, et s_1, s_2, s_3, s_4 et s_5 les surfaces approchées des 5 figures. On a

$$s_1 = h \times \frac{y_1}{2}$$

$$s_2 = h \times \frac{y_1 + y_2}{2}$$

$$s_3 = h \times \frac{y_2 + y_3}{2}$$

$$s_4 = h \times \frac{y_3 + y_4}{2}$$

$$s_5 = h \times \frac{y_4}{2}$$

Si on fait la somme, il vient

$$S = h\,(y_1 + y_2 + y_3 + y_4),$$

c'est-à-dire que *la valeur approchée de la surface est égale au produit de la distance de deux perpendiculaires successives par la somme de toutes les perpendiculaires.*

PROBLÈME III.

208. — *Trouver l'aire d'un terrain dont l'intérieur est inaccessible.*

Soit B un bassin (fig. 126). On construit un rectangle MNPQ qui l'enveloppe de toutes parts, puis des sommets ou de points convenablement choisis, si le contour du bassin présente des parties curvilignes, on abaisse des perpendiculaires sur les côtés du rectangle. On décompose ainsi la surface comprise entre le rectangle MNPQ et le bassin en trapèzes et en rectangles. On calcule les aires de toutes ces figures, on en fait la somme et on la retranche de l'aire du rectangle MNPQ ; la différence est évidemment l'aire du bassin.

QUESTIONNAIRE DES §§ 1 ET 2.

201. Démontrer que l'aire d'un rectangle est égale au produit de sa base par sa hauteur. En conclure que l'aire d'un carré est égale au carré de son côté.

202. Démontrer que deux rectangles de même hauteur sont entre eux comme leurs bases.

203. Démontrer que l'aire d'un parallélogramme est égale au produit de sa base par sa hauteur. En conclure que deux parallélogrammes de même hauteur sont entre eux comme leurs bases.

204. Démontrer que l'aire d'un triangle est égale à la moitié du produit de sa base par sa hauteur. En conclure que deux triangles de même hauteur sont entre eux comme leurs bases.

205. Démontrer que l'aire d'un trapèze est égale au produit de la demi-somme de ses deux bases par sa hauteur.

206. Comment mesure-t-on l'aire d'un polygone quelconque ?

207. Comment mesure-t-on l'aire approchée d'un terrain limité dans une de ses parties par une ligne courbe ?

208. Comment mesure-t-on l'aire d'un terrain dont l'intérieur est inaccessible ?

PROBLÈMES A RÉSOUDRE.

43. Un terrain a la forme d'un rectangle; la base vaut 35^m et la hauteur 32^m. Quelle est la surface de ce terrain?

44. La base d'un terrain rectangulaire=95^m et la hauteur est les 0,4 de la base. Quelle est la surface de ce terrain?

45. Un terrain carré a 64^m,5 de côté. Quelle est sa surface?

46. La surface d'un terrain rectangulaire vaut 117 ares et la base=156^m. Quelle est la hauteur?

47. La surface d'un terrrain carré = 163^a,84. Quel est le côté de ce carré?

48. Le contour d'un terrain carré =300^m. Quelle est sa surface?

49. La surface d'un terrain carré = 1024 ares. Quel est son contour?

50. Un terrain rectangulaire a 245^m de base et 45^m de hauteur. Quel est le côté d'un terrain carré qui lui serait équivalent?

51. Un terrain rectangulaire a 96^m de base et 50^m de hauteur. Quel est le côté d'un terrain carré qui en serait les trois quarts?

52. Un terrain rectangulaire a 150^m de base et 84^m de hauteur: un autre terrain rectangulaire qui en est les deux tiers a 75^m de hauteur. Quelle est sa base?

53. La surface d'un terrain rectangulaire, dont la base est quintuple de la hauteur, vaut 115^a,20. Quelles en sont les deux dimensions?

54. On veut entourer de murs un terrain carré dont la surface égale 625 ares. Quelle sera la longueur totale des murs?

55. Quel est le côté d'un terrain carré équivalent à la somme de trois autres terrains carrés dont les côtés valent 16^m, 63^m et 72^m?

56. Les murs d'un appartement présentent une surface totale de 75^{mq}. On veut employer des rouleaux de papier de 8^m de long et de 0^m,75 de large. Quelle sera la dépense de papier à 1^f,20 le rouleau?

57. Un mur a 24^m,5 de long. On le fait blanchir à raison de 0^f,40 le mètre carré. La dépense s'élève à 14^f,70. Quelle est la hauteur du mur?

58. On veut bâtir une étable de 8^m de large pour loger 4 bœufs, 4 vaches, 4 élèves et 40 moutons. On admet qu'il faut 5^{mq},25 à chaque bœuf, 5^{mq},75 à chaque vache, 4^{mq} à chaque élève et 1^{mq} par mouton. Quelle doit être la longueur de l'étable?

59. Une étable a 9^m de long sur 7^m,50 de large. On demande combien on pourra y loger de moutons avec 2 bœufs et 2 vaches,

en admettant qu'il faut 5^{mq},50 à chaque bœuf, 5^{mq},75 à chaque vache, et 1^{mq} par mouton.

60. On admet qu'une bergerie qui a 12^m,50 de long sur 12^m de large, peut contenir 160 moutons. On demande quelle doit être la longueur d'une bergerie de 10^m de large, pour qu'elle puisse contenir 120 moutons.

61. Un terrain a la forme d'un parallélogramme, la base vaut 9^m,40 et la hauteur 7^m,60. Quelle est la surface de ce terrain?

62. Un terrain a la forme d'un parallélogramme; la base vaut 45^m et la hauteur est les 0,9 de la base. Quelle est la surface de ce terrain?

63. La surface d'un terrain qui a la forme d'un parallélogramme vaut 23^a, 52 et la hauteur est les trois quarts de la base. Quelles sont les deux dimensions de ce terrain?

64. Un terrain, qui a la forme d'un parallélogramme, a 98^m de base et 50^m de hauteur. Quel est le côté d'un terrain carré qui lui serait équivalent?

65. Trouver la hauteur d'un parallélogramme dont la surface vaut 93^a et la base 124^m.

66. Les deux côtés adjacents d'un parallélogramme valent 46^m,8 et 67^m,5. La distance des deux petits côtés est 15^m. Quelle est la distance des deux autres?

67. Un terrain carré a 1729^m de côté. Quel est, à moins d'un mètre près, le côté du carré qui en serait le triple?

68. Un terrain a la forme d'un triangle; la base vaut 136^m et la hauteur 85^m. Quelle est la surface de ce terrain?

69. La surface d'un terrain triangulaire vaut 143^a,91, et la hauteur égale 123^m. Quelle est la base?

70. Un terrain triangulaire a 49^m de base et 40^m,5 de hauteur. Quel est le côté d'un terrain carré qui lui serait équivalent?

71. La surface d'un terrain triangulaire, dont la base est double de la hauteur, vaut 784 ares. Quelles en sont les deux dimensions?

72. On décompose un terrain en trois triangles, dont les bases valent 125^m, 150^m et 175^m, et les hauteurs correspondantes 45^m, 60^m et 100^m. Quelle est la surface de ce terrain?

73. Les bases de quatre triangles valent 45^m, 75^m, 95^m et 218^m; les hauteurs des trois premiers valent respectivement 25^m, 36^m et 63^m; et la surface du quatrième triangle est égale à la somme des surfaces des trois autres. Quelle est sa hauteur?

74. On a un terrain quadrangulaire dont une diagonale vaut 254^m. Les hauteurs des triangles qui ont pour base cette diagonale valent 85^m et 95^m. Quelle est la surface de ce terrain?

75. Un terrain triangulaire a 54^m de base et 48^m de hauteur. Quel est le côté du carré qui lui est équivalent?

76. Un terrain a la forme d'un trapèze. Les deux bases valent 365^m et 189^m,50, et la hauteur vaut 72^m,40. Quelle est la surface de ce terrain?

77. Un champ a la forme d'un trapèze. Sa surface vaut 5383^{mq},50, sa hauteur 48^m,50, et l'une de ses bases 54^m. Quelle est la longueur de l'autre base?

78. Les deux bases d'un trapèze valent 125^m et 84^m, et sa hauteur $= 76^m$. Quel est, à moins d'un décimètre, le côté du carré qui lui serait équivalent?

79. Un terrain est limité dans une de ses parties par une ligne courbe. La droite qui joint les deux points extrêmes de la courbe a 16^m,4 de long; on la divise en cinq parties égales, et par les quatre points de division on mène des perpendiculaires à cette droite terminées à la courbe; elles valent 4^m,8; 5^m,5; 6^m,4 et 4^m,9. On demande de trouver l'aire approchée du terrain compris entre cette droite et la courbe.

80. Un terrain est limité dans une de ses parties par une ligne courbe. La droite qui joint les deux points extrêmes de la courbe a 27^m,5 de long; on la divise en dix parties égales, et par les neuf points de division on mène des perpendiculaires à cette droite terminées à la courbe. Elles valent :

3^m,8	13^m,6	13^m,6
7^m,6	16^m,8	8^m,5
9^m,5	15^m,4	et 4^m,2

On demande l'aire approchée du terrain compris entre la droite et la courbe.

81. Une rivière a 7^m,50 de large. On tend d'une rive à l'autre une corde divisée en dix parties égales par des nœuds équidistants. Au-dessous de chaque nœud on mesure la profondeur de la rivière, au moyen d'une perche graduée, on trouve les profondeurs suivantes :

0^m,82	3^m,12	3^m,6
1^m,64	3^m,15	1^m,95
2^m,80	3^m,24	et 1^m,36

On demande l'aire approchée de la section de la rivière par le plan vertical de la corde.

82. Un fleuve a 35^m,60 de large. On tend d'une rive à l'autre une corde divisée en dix parties égales par des nœuds égalemen distants. Au-dessous de chaque nœud on mesure la profondeur de la rivière, on trouve :

4^m,48	15^m,14	9^m,45
8^m,85	17^m,80	7^m,63
14^m,64	12^m,76	et 3^m,75

Trouver l'aire approchée de la section de la rivière par le plan vertical de la corde.

---

§ 3. — RAPPORT DES AIRES DES POLYGONES SEMBLABLES.

THÉORÈME V (*lemme*)

209. — *Dans les triangles semblables, deux côtés homologues* AB, GH, *pris pour bases* (fig. 145) *sont entre eux comme les hauteurs homologues* CD, FK.

En effet, si AB est, par exemple, double de GH, AC est aussi double de FG ; mais les deux triangles ACD, FGK

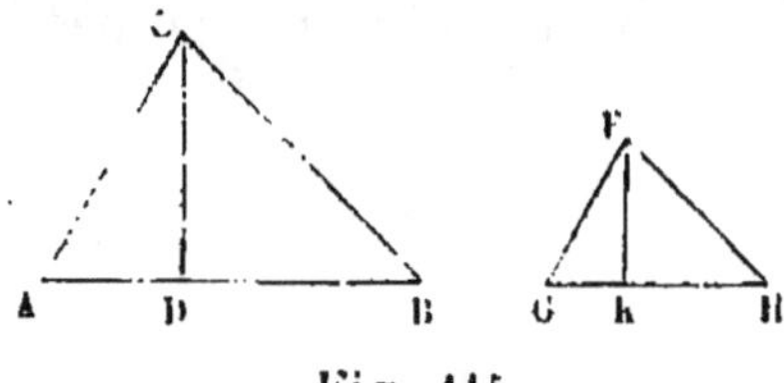

Fig. 145.

sont semblables comme ayant les angles égaux (n° 153) ; car ils ont l'angle A = G par hypothèse, et l'angle ADC = GKF, comme angles droits. Si donc AC est double de FG, CD est aussi double de FK ; donc le rapport des bases AB, GH, égale le rapport des hauteurs CD, FK.

THÉORÈME VI.

210. — *Les aires de deux triangles semblables sont entre elles comme les carrés de deux côtés homologues.*

En effet, si les côtés du premier triangle sont, par exemple, doubles des côtés du deuxième, la hauteur du premier est aussi double de la hauteur homologue du deuxième (n° 209). Or, si la base seule du premier triangle était double de la base du deuxième, sa surface serait double de celle du deuxième ; si on double aussi la hauteur, la surface devient encore double, donc elle est quadruple.

De même, si les côtés du premier triangle sont par exemple 10 fois plus grands que ceux du deuxième, la hauteur du premier est aussi 10 fois plus grande que celle du deuxième. Or, si la base seule du premier triangle était 10 fois plus grande que celle du deuxième, sa surface serait 10 fois plus grande que celle du deuxième. Si l'on rend aussi sa hauteur 10 fois plus grande, sa surface devient encore 10 fois plus grande, donc elle est 10 fois 10 ou 100 fois plus grande.

THÉORÈME VII.

211. — *Les aires de deux polygones semblables sont entre elles comme les carrés des deux côtés homologues.*

En effet, deux polygones semblables peuvent être décomposés en un même nombre de triangles semblables deux à deux et semblablement placés (n° 156, réciproque). Supposons que les côtés du premier polygone soient doubles des côtés du deuxième, les surfaces des triangles qui composent le premier polygone sont respectivement quadruples des surfaces des triangles qui composent le deuxième ; donc l'aire du premier polygone est quadruple de celle du deuxième.

De même, si les côtés du premier polygone sont 10 fois plus grands que les côtés du deuxième, les surfaces des triangles, qui composent le premier polygone, sont respectivement 100 fois plus grandes que les surfaces des triangles qui composent le deuxième ; donc l'aire du premier polygone est 100 fois plus grande que l'aire du deuxième.

212. — REMARQUE. Dans le levé des plans, quand l'échelle de réduction est 0,001, le dessin est la millionième partie de la figure que le terrain représente, car les aires des deux figures sont entre elles comme 1 est à 1 000 000.

---

§ 4. — PROPRIÉTÉ DU TRIANGLE RECTANGLE.

THÉORÈME VIII.

213. — *Le carré fait sur l'hypoténuse d'un triangle rectangle est égal à la somme des carrés faits sur les deux côtés de l'angle droit.*

On a vu (n° 161) que le carré du nombre qui représente la longueur de l'hypoténuse est égal à la somme des carrés des nombres qui représentent les longueurs des deux autres côtés ; mais le carré du nombre qui représente la longueur d'une droite est la mesure du carré fait sur cette droite (n° 201) ; donc le carré fait sur l'hypoténuse d'un triangle rectangle égale la somme des carrés des deux autres côtés.

AUTRE DÉMONSTRATION. Soit ABC un triangle rectangle (fig. 146), ABDE le carré de AB et DFGH le carré de BC. Prolongeons DE d'une distance EI = CB et joignons AI, GI, CG. Les quatre triangles rectangles ABC, CFG, GHI, AEI sont égaux, comme ayant un angle égal, l'angle droit, compris entre deux côtés égaux chacun à chacun ; donc AC = CG = GI = AI.

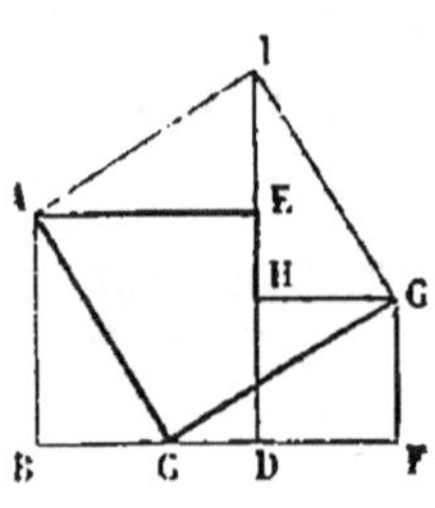

Fig. 146.

Ainsi le quadrilatère ACGI a ses côtés égaux. De plus, la somme des trois angles faits au point C vaut deux droits ; mais l'angle ABC est le complément de l'angle CAB ou de son égal FCG, donc le troisième angle ACG est droit. De même, l'angle CGI est droit, car l'angle CGH est le complément de l'angle CGF ou de son égal HGI ; et ainsi des deux autres. Donc la figure ACGI est le carré fait sur l'hypoténuse AC. Or si à la figure ACGHE on ajoute les deux triangles AEI, GHI, on a le carré ACGI de l'hypoténuse ; et si à la même figure ACGHE on ajoute les deux autres triangles ABC, CFG, on a la somme des carrés des deux côtés de l'angle droit. Donc le carré de l'hypoténuse égale la somme des carrés des deux côtés de l'angle droit (*).

214. — 1re REMARQUE. Le carré d'un côté de l'angle droit égale le carré de l'hypoténuse, moins le carré de l'autre côté de l'angle droit.

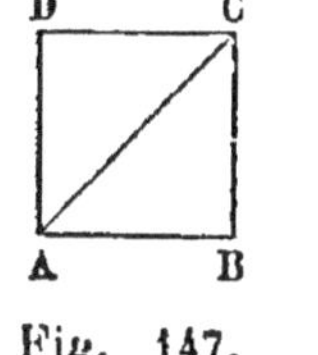
Fig. 147.

215. — 2e REMARQUE. Le carré fait sur la diagonale AC d'un carré ABCD (fig. 147) est double de ce carré. On a en effet dans le triangle ABC rectangle et isocèle.

$$\overline{AC}^2 = \overline{AB}^2 + \overline{BC}^2 = 2\overline{AB}^2.$$

216. — *Réciproquement, si le carré fait sur un côté d'un triangle égale la somme des carrés des deux autres, le triangle est rectangle.*

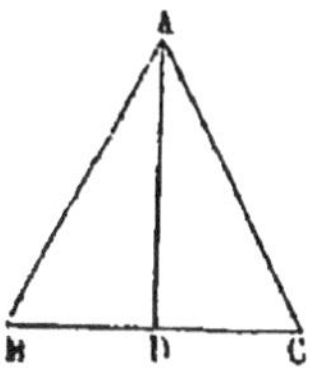

Soit ADC (fig. 148) un triangle tel qu'on ait

$$\overline{AC}^2 = \overline{AD}^2 + \overline{DC}^2 \qquad [1].$$

Fig. 148.   Élevons au point D la perpendiculaire BD égale à DC, et joignons AB. On a

$$\overline{AB}^2 = \overline{AD}^2 + \overline{BD}^2 \qquad [2].$$

Or $\overline{BD}^2 = \overline{DC}^2$, puisque BD = DC ; donc les seconds membres des égalités [1] et [2] sont égaux ; donc $\overline{AC}^2 = \overline{AB}^2$, car deux quantités égales à une troisième sont égales

---

(*) Cette démonstration est remarquable parce qu'elle ne repose que sur la considération d'égalités de triangles rectangles. Et puis, elle peut être rendue sensible aux yeux, au moyen de trois petits papiers découpés, dont deux égaux à ABC, et le troisième égal à ACGHE : si on donne aux deux triangles les positions AEI, GHI, à côté de ACGHE, on a le carré de l'hypoténuse ; et si on fait tourner le premier triangle autour du point A de manière à lui donner la position ABC, et le deuxième autour du point G, de manière à lui donner la position CFG, on a la somme des carrés des deux côtés de l'angle droit.

entre elles, et AC=AB. Donc les deux triangles ADC, ABD sont égaux comme ayant les trois côtés égaux deux à deux; mais le triangle ABD est rectangle en D, donc le triangle ADC l'est aussi. C'est ce qu'il fallait démontrer.

QUESTIONNAIRE DES §§ 3 ET 4.

209. Démontrer que, dans deux triangles semblables, deux côtés homologues, pris pour bases, sont entre eux comme les hauteurs homologues.

210 et 211. Démontrer que les aires de deux triangles semblables et en général de deux polygones semblables sont entre elles comme les carrés de deux côtés homologues.

212. Dans le levé des plans, quel est le rapport de l'aire du dessin à la surface du terrain suivant que l'échelle de réduction est 0,01 ou 0,001 ?

213. Démontrer que le carré de l'hypoténuse d'un triangle rectangle est égal à la somme des carrés des deux côtés de l'angle droit.

214 et 215. En conclure que le carré d'un côté de l'angle droit égale le carré de l'hypoténuse, moins le carré de l'autre côté, et que le carré fait sur la diagonale d'un carré est double de ce carré.

216. Le carré d'un côté d'un triangle égale la somme des carrés des deux autres ; le triangle est-il rectangle ?

PROBLÈMES A RÉSOUDRE.

83. On suppose deux triangles semblables dont les bases homologues valent 45^m et 9^m. La hauteur du premier triangle égale 24^m. On demande quelle est la hauteur du deuxième.

84. On lève un plan en prenant pour échelle de réduction $\frac{1}{200}$. On demande le rapport de l'aire du dessin à l'aire du terrain.

85. Un terrain a la forme d'un rectangle, sa base vaut 112^m et sa diagonale 113^m; trouver sa hauteur et sa surface.

86. La base d'un terrain rectangulaire vaut 108^m et sa diagonale vaut 117^m. Quelle est la surface de ce terrain ?

87. La diagonale d'un terrain carré vaut 391^m. Quelle est la surface de ce terrain ?

88. La diagonale d'un terrain carré vaut 100^m. Quel est, à moins d'un décimètre, le côté de ce terrain ?

89. On a une équerre bien construite. Les deux côtés de l'angle droit valent 80 millim et 39 millim. Quelle est la longueur de l'hypoténuse ?

90. L'hypoténuse d'une équerre bien construite égale 73 millim. et un des côtés de l'angle droit vaut 55 millim. Quelle est la longueur de l'autre côté ?

91. Les longueurs des trois côtés d'une équerre valent 32 millim,
60 millim. et 68 millim. L'équerre est-elle bien construite ?

92. Les trois côtés d'un terrain triangulaire valent 75^m, 308^m
et 317^m. On demande la valeur de l'angle opposé au plus grand
côté et l'aire du terrain.

93. Une échelle est dressée contre un mur vertical qui a 6^m,30
de hauteur. Le bout de l'échelle atteint le sommet du mur et la
distance du pied de l'échelle au pied du mur égale 1^m,60. On
demande la longueur de l'échelle.

94. Avec une échelle de 6^m,15 de long on veut atteindre une
fenêtre dont l'appui est élevé de 6^m au-dessus du sol. On demande quelle doit être la distance du pied de l'échelle au pied
du mur pour que le bout de l'échelle atteigne le bord de l'appui
de la fenêtre.

---

§ 5. — PARTAGE DES TERRAINS.

(Nous n'examinerons que les cas les plus simples.)

PROBLÈME I.

217. — *Diviser en parties égales un terrain rectangulaire ou carré.*

Supposons qu'on veuille diviser en 5 parties égales le
rectangle ABCD (fig. 149). On mesure la
base BC, supposons qu'elle soit égale à
62^m,50. Le cinquième de 62^m,50 est
12^m,50. On prend sur BC avec la chaîne
quatre distances successives BG, GH, HE...

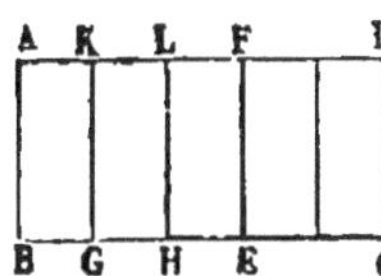

Fig. 149.

égales à 12^m,50, et on plante des jalons
aux points de division G, H, E... puis par ces points on
élève avec l'équerre d'arpenteur des perpendiculaires GK,
HL, EF,... à BC. Le terrain est divisé en cinq rectangles
égaux, car ils ont des bases égales et des hauteurs égales.

On divise de la même manière un terrain carré en parties égales.

PROBLÈME II.

218. — *Diviser un terrain rectangulaire ou carré en parties qui aient entre elles un rapport donné.*

Supposons qu'on veuille diviser le rectangle ABCD (fig. 149) en deux parties qui soient entre elles comme 3 est à 2. On mesure la base BC, supposons qu'elle soit égale à 75^m ; on divise 75 en deux parties qui soient entre elles comme 3 est à 2. Si on avait 5 à partager, les deux parties seraient 3 et 2; si on avait 1, les deux parties seraient $\frac{3}{5}$ et $\frac{2}{5}$; si donc on a 75, les deux parties sont $\frac{3}{5} \times 75$ et $\frac{2}{5} \times 75$ ou 45 et 30. On prend sur BC une distance BE égale à 45^m, et par le point E on mène EF perpendiculaire à BC. Le terrain sera divisé au point E dans le rapport donné, car les deux rectangles ABEF, CDFE ont même hauteur EF, donc ils sont entre eux comme leurs bases 45^m et 30^m (n° 202), c'est-à-dire comme 3 est à 2.

On divise de la même manière un terrain carré dans un rapport donné.

PROBLÈME III.

219. — *Diviser en parties égales un terrain ayant la forme d'un parallélogramme.*

On divise deux côtés opposés en parties égales (n° 76), et on joint les points de division deux à deux. Les quadrilatères qu'on obtient sont des parallélogrammes, car ils ont deux côtés opposés égaux et parallèles (n° 65); et ces parallélogrammes sont égaux, car ils ont les côtés et les angles égaux.

PROBLÈME IV.

220. — *Diviser dans un rapport donné un terrain ayant la forme d'un parallélogramme.*

On divise deux côtés opposés dans le rapport donné, et

on joint les points de division deux à deux. Les quadrilatères qu'on obtient sont des parallélogrammes, car ils ont deux côtés opposés égaux et parallèles (n° 65); et ces parallélogrammes, ayant même hauteur, sont entre eux comme leurs bases, c'est-à-dire dans le rapport donné.

PROBLÈME V.

221. — *Diviser un terrain triangulaire en parties équivalentes.*

Supposons qu'on veuille diviser le triangle ABC (fig. 150) en deux parties équivalentes.

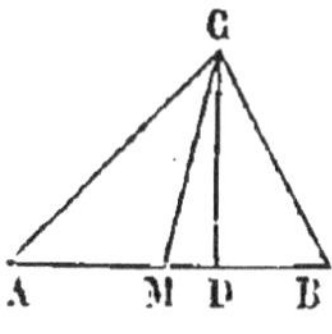

Fig 150.

On peut mesurer un côté AB, en prendre le milieu M, et joindre le sommet C à ce milieu. On a deux triangles ACM, BCM, équivalents, comme ayant la même hauteur CD et des bases égales AM = BM.

On peut aussi mesurer un côté AB (fig. 151) et prendre une distance AD telle que le carré de AD soit la moitié du carré de AB. Si, par exemple, AB vaut 64^m, le carré de AB vaut 64×64, ou 4096^{mq}; on en prend la moitié, ce qui donne 2048^{mq}, et on en extrait la racine carrée. On trouve $45^m,5$ à moins d'un décimètre par excès;

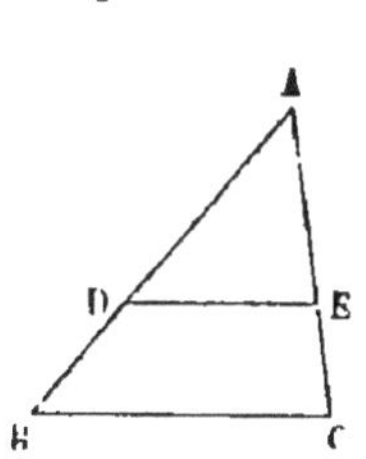

Fig. 151.

on prend donc AD = $45^m,5$. Par le point D on mène DE parallèle à BC. Les deux triangles ADE, ABC sont semblables comme ayant les angles égaux deux à deux, donc ils sont entre eux comme les carrés des côtés AD et AB (n° 210); mais le carré de AD est la moitié du carré de AB, donc le triangle ADE est la moitié du triangle ABC, donc il est équivalent au trapèze BCED, et le triangle ABC est divisé en deux parties équivalentes.

PROBLÈME VI.

222. — *Diviser dans un rapport donné un terrain triangulaire.*

Supposons qu'on veuille diviser le terrain en quatre parties qui soient entre elles comme les nombres 1, 5, 4 et 8.

On peut mesurer un côté pris pour base, supposons-le égal à 450^m ; on divise 450 en quatre parties qui soient entre elles comme les nombres 1, 5, 4 et 8. Si on avait $1 + 5 + 4 + 8$ ou 18 à partager, les quatre parties seraient 1, 5, 4 et 8 ; si on avait 1, les quatre parties seraient $\frac{1}{18}$, $\frac{5}{18}$, $\frac{4}{18}$ et $\frac{8}{18}$; si donc on a 450, les quatre parties sont $\frac{1}{18} \times 450$, $\frac{5}{18} \times 450$, $\frac{4}{18} \times 450$, et $\frac{8}{18} \times 450$, c'est-à-dire 25, 125, 100 et 200. On prend sur la base trois distances successives égales à 25^m, 125^m et 100^m, et on joint les extrémités de ces distances au sommet opposé. Le terrain

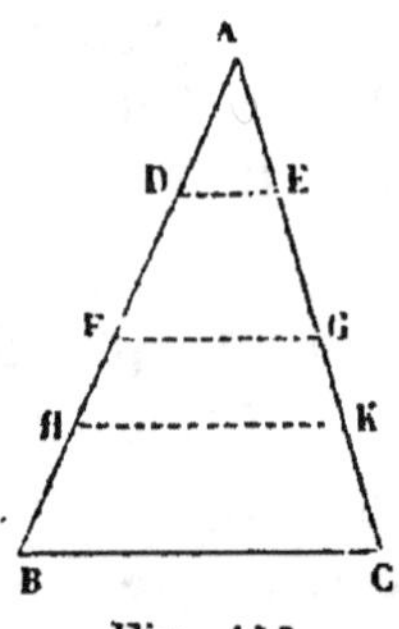

Fig. 152.

sera divisé dans le rapport donné, car on a quatre triangles qui ont même hauteur, donc ils sont entre eux comme leurs bases 25, 125, 100 et 200 (n° 204), c'est-à-dire comme les nombres 1, 5, 4 et 8.

Il vaut mieux diviser le terrain par des parallèles à un de ses côtés BC. Si les quatre parties ADE, DEGF, FGKH, HKCB (fig. 152) doivent être entre elles comme les nombres 1, 5, 4 et 8, les surfaces des quatre triangles ADE, AFG, AHK et ABC doivent évidemment être entre elles comme 1, $1 + 5$, $1 + 5 + 4$ et $1 + 5 + 4 + 8$, c'est-à-dire comme 1, 6, 10 et 18. Mais tous ces triangles sont semblables comme ayant les angles égaux deux à deux, donc leurs surfaces sont entre elles comme les carrés des côtés homologues AD, AF, AH et AB. On doit donc avoir le carré de AD $= \frac{1}{18}$ du carré de AB ;

le carré de AF $= \frac{6}{18}$ ou $\frac{1}{3}$ du carré de AB;

et le carré de AH $= \frac{10}{18}$ ou $\frac{5}{9}$ du carré de AB.

Supposons AB$=450^m$, son carré$=450\times450=202\,500^{mq}$; le carré de AD, qui doit en être le 18e, $= 11\,250^{mq}$, et AD $= 106^m,1$ par excès ; le carré de AF, qui doit être le tiers du carré de AB. $= 67\,500^{mq}$, et AF $= 259^m,8$ par défaut ; et le carré de AH, qui doit être les $\frac{5}{9}$ du carré de AB, $= 112\,500^{mq}$, et AH $= 335^m,4$ par défaut. On prendra donc sur AB une distance AD $= 106^m,1$, puis une distance DF $= 259^m,8 - 106^m,1 = 153^m,7$, et enfin une distance FH $= 335^m,4 - 259^m,8 = 75^m,6$. Par les points D, F, H, on mènera des parallèles à BC.

PROBLÈME VII.

223. — *Diviser en parties équivalentes un terrain ayant la forme d'un trapèze.*

Supposons qu'on veuille le diviser en trois parties équivalentes. Le moyen le plus simple consiste à diviser chacune des deux bases en trois parties égales (n° 76) ; on joint les points de division deux à deux. On obtient trois trapèzes qui ont des bases égales et des hauteurs égales, donc ils sont équivalents (n° 205).

PROBLÈME VIII.

224. — *Diviser dans un rapport donné un terrain ayant la forme d'un trapèze.*

Supposons qu'on veuille le diviser en trois parties qui soient entre elles comme les nombres 3, 4, 5. On peut diviser chacune des deux bases dans le rapport des nombres 3, 4, 5 et joindre les points de division deux à deux. On a trois trapèzes qui ont des hauteurs égales, donc ils sont entre eux comme leurs bases, c'est-à-dire comme les nombres 3, 4, 5.

PROBLÈME IX.

225. — *Diviser un terrain polygonal quelconque en parties équivalentes.*

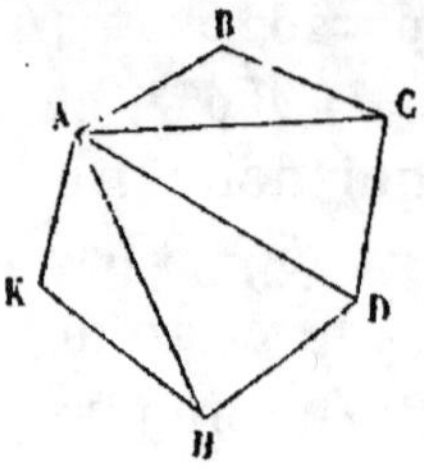

Fig. 153.

Supposons qu'on veuille diviser en trois parties équivalentes le terrain polygonal (fig. 153). On peut le décomposer en triangles et évaluer séparément chaque triangle en multipliant la base par la moitié de la hauteur.

Supposons

$$ABC = 144^{mq}$$
$$ACD = 260^{mq}$$
$$ADH = 256^{mq}$$

et

$$AHK = 180^{m}.$$

On a $\quad ABCDHK = 840^{mq}$; le tiers est 280^{mq} ; or le triangle ABC ne vaut que 144^{mq}, il y manque 136^{mq} pour faire le tiers de la surface totale du terrain, donc il faut par exemple retrancher 136^{mq} du triangle ACD, il en restera 124, c'est-à-dire qu'il faut diviser le triangle ACD dans le rapport des nombres 136 et 124 ; on divise pour cela la base CD dans le rapport de ces nombres, et on joint le point de division au point A (n° 329).

Le problème s'achève de la même manière : ce qui reste du triangle $ACD = 124^{mq}$, il y manque 156^{mq} pour faire le tiers de la surface totale, donc il faut par exemple retrancher 156^{mq} du triangle ADH, il en restera 100, c'est-à-dire qu'il faut diviser le triangle ADH dans le rapport des nombres 156 et 100. On divise pour cela la base DH dans le rapport de ces nombres, et on joint le point de division au point A.

Ce qui reste du terrain $= 100^{mq} + 180^{mq}$ ou 280^{mq}, c'est-à-dire le tiers de toute la surface.

PROBLÈME X.

226. — *Diviser un terrain polygonal quelconque dans un rapport donné.*

Supposons qu'on veuille diviser le même terrain (fig. 153) dans le rapport des nombres 5, 6, 9. Si on avait $5 + 6 + 9$ ou 20^{mq} à partager, les trois parties seraient 5, 6 et 9 ; si donc on avait 1^{mq} à diviser, les trois parties seraient $\frac{5}{20}$, $\frac{6}{20}$ et $\frac{9}{20}$ de m. q., et si on a 840^{mq}, les trois parties doivent être $\frac{5}{20} \times 840$, $\frac{6}{20} \times 840$ et $\frac{9}{20} \times 840$, ou 210^{mq}, 252^{mq} et 378^{mq}. Or le triangle ABC ne vaut que 144^{mq}, il y manque donc 66^{mq}, pour faire 210^{mq}, donc il faut par exemple retrancher 66^{mq} du triangle ACD, il en restera 194, c'est-à-dire qu'il faut diviser le triangle ACD dans le rapport des nombres 66 et 194 ; on divise pour cela la base CD dans le rapport de ces nombres, et on joint le point de division au point A.

On trouverait de la même manière, à la suite de cette première surface, une deuxième surface égale à 252^{mq}.

QUESTIONNAIRE.

217 et 218. Comment divise-t-on en parties égales ou dans un rapport donné un terrain rectangulaire ou carré ?

219 et 220. Comment divise-t-on en parties égales ou dans un rapport donné un terrain ayant la forme d'un parallélogramme ?

221 et 222. Comment divise-t-on un terrain triangulaire en parties équivalentes ou dans un rapport donné par des droites partant d'un sommet ou par des parallèles à un côté ?

223 et 224. Comment peut-on diviser en parties équivalentes ou dans un rapport donné, un terrain ayant la forme d'un trapèze ?

225 et 226. Comment peut-on diviser un terrain polygonal quelconque en parties équivalentes ou dans un rapport donné ?

PROBLÈMES A RÉSOUDRE.

95. Un terrain rectangulaire (fig. 149) a 27 ares de surface et 36^m de hauteur. On le divise en 5 rectangles égaux par des perpendiculaires à la base. Que vaut la base de chacun de ces rectangles ?

96. Un terrain carré a 356ᵐ de côté. On veut le diviser en deux terrains rectangulaires dont l'un ait une surface égale à un hectare. On demande quelle doit être sa base.

97. Un terrain carré a 2007ᵃ,04 de superficie. On veut le diviser en trois terrains rectangulaires de même hauteur et tels que le premier soit double du second et le second double du troisième. Quelle doit être la base de chacun de ces rectangles ?

98. Un terrain rectangulaire a 366 ares de superficie et 150 mètres de hauteur. On veut le diviser par une perpendiculaire à la base en deux terrains rectangulaires, tels que le premier soit quadruple du second. Quelle doit être la base de chaque rectangle ?

99. Un terrain qui a la forme d'un parallélogramme a 1875 m. de base. On veut le diviser par des parallèles au côté adjacent, en quatre parties, telles que la première soit triple de la seconde, la seconde double de la troisième et la troisième égale à la quatrième. Quelle doit être la base de chaque parallélogramme ?

100. On a un terrain triangulaire dont un côté vaut 3 kilom. On veut le diviser en quatre parties équivalentes par des parallèles à un des deux autres côtés. Calculer les valeurs des segments que ces parallèles doivent intercepter sur le premier côté.

101. On a un terrain triangulaire ABC (fig. 151), dont un côté AB vaut 500ᵐ. On veut le diviser par une parallèle DE au côté adjacent BC en deux parties, telles que le triangle ADE soit les $\frac{3}{4}$ du trapèze BDEC. Quelle doit être la valeur de AD ?

102. Un terrain a la forme d'un trapèze. Les deux bases valent 567 m. et 846 m. ; on veut le diviser en deux autres trapèzes de même hauteur que le premier, et tels que l'un soit le $\frac{1}{8}$ de l'autre. Calculer les deux bases du plus petit trapèze.

103. On a un terrain polygonal ABCDHK (fig. 153). On suppose

ABC = 753 ares
ACD = 1789 »
ADH = 1818 »
AHK = 814 » et DH = 385 mètres.

On veut le diviser en deux parties équivalentes par une droite partant de A. On demande de calculer la distance du point D au point où la droite de division vient rencontrer DH.

104. On propose de diviser le terrain polygonal précédent, par une droite partant de A, en deux parties telles que la première soit double de la deuxième, et on demande la distance du point D au point où la droite de division rencontre DH.

CHAPITRE X

Applications à la mesure du cercle et de la circonférence.

THÉORÈME (*lemme*).

Le rapport de la circonférence au diamètre est le même pour tous les cercles.

227. — Soient en effet O et o les centres de deux circonférences de rayon OA et oa (fig. 154). Inscrivons dans ces circonférences deux polygones réguliers quelconques d'un même nombre de côtés, deux hexagones par exemple (n° 137). Soient AB et ab, deux côtés de ces polygones, joignons OA, OB, oa, ob, les deux triangles AOB, aob sont

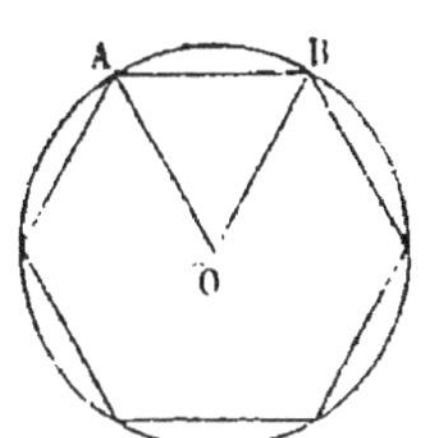
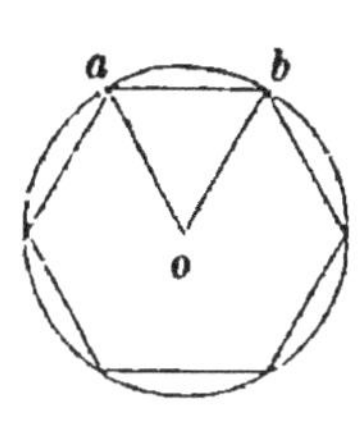

Fig. 154.

isocèles ; ils ont les angles du sommet O et o égaux comme ayant des mesures égales, donc les angles à la base sont aussi égaux et ces triangles sont semblables (n° 153). Si donc AO est double, triple,... de ao, AB est aussi double, triple,... de ab, et le périmètre du premier polygone est lui-même double, triple,... du périmètre du deuxième, c'est-à-dire que *les périmètres des polygones réguliers d'un même nombre de côtés, inscrits dans deux circonférences, sont entre eux comme les rayons de deux circonférences*, et par conséquent aussi comme leurs diamètres.

228. — Or le cercle peut être considéré comme un polygone régulier d'un nombre infiniment grand de côtés infiniment petits ; donc deux circonférences peuvent être regardées comme les périmètres de deux polygones réguliers d'un même nombre de côtés très-petits, donc elles sont entre elles comme leurs diamètres, c'est-à-dire que si le diamètre de la première est double, triple,... du diamètre de la deuxième, la première est aussi double, triple,... de la deuxième.

Il suit de là que le quotient d'une circonférence par son diamètre est toujours le même, car le quotient de la division de deux nombres ne change pas, quand le dividende et le diviseur deviennent doubles, triples...

PROBLÈME I.

Trouver une valeur approchée du rapport de la circonférence à son diamètre.

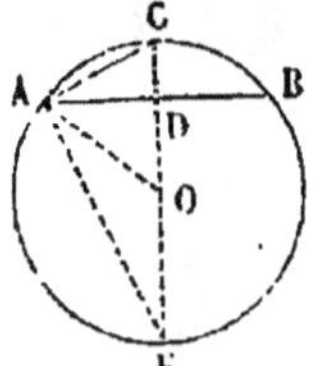

Fig. 155.

229. — Connaissant le côté AB d'un polygone régulier inscrit dans un cercle, et le rayon $AO = R$ de ce cercle (fig. 155), on peut calculer le côté AC du polygone régulier inscrit d'un nombre double de côtés. En effet, le triangle CAK est rectangle en A, donc le côté AC est moyen proportionnel entre $CK = 2R$, et $CD = R - OD$ (n° 160) ; et l'on a

$$\overline{AC}^2 = 2R \times (R - OD) \qquad [1].$$

Mais on a dans le triangle AOD

$$\overline{OD}^2 = \overline{AO}^2 - \overline{AD}^2 ;$$

donc
$$OD = \sqrt{R^2 - \overline{AD}^2}.$$

Si on remplace OD par cette valeur dans l'égalité [1], il vient
$$\overline{AC}^2 = 2R \times (R - \sqrt{R^2 - \overline{AD}^2})$$

d'où $$AC = \sqrt{2R \times \left(R - \sqrt{R^2 - \overline{AD}^2}\right)} \qquad [2].$$

230. — Or, on peut inscrire d'abord un hexagone, on aura $AB = R$ et $AD = \frac{1}{2} R$; l'égalité [2] fera connaître alors le côté du dodécagone. Si on remplace ensuite dans cette égalité [2], AD par la moitié du côté du dodécagone, on en conclura pour valeur de AC le côté du polygone de 24 côtés. On pourra calculer de même les côtés des polygones de 48 et de 96 côtés. Si on multiplie par 96 la valeur de ce dernier côté, on aura le périmètre d'un polygone qui ne différera pas beaucoup de la circonférence, et en divisant ce périmètre par le diamètre, on aura une valeur approchée du rapport de la circonférence au diamètre. On aurait une valeur plus approchée en calculant de la même manière le périmètre d'un polygone ayant un plus grand nombre de côtés. Par ce procédé élémentaire on trouve aisément que ce rapport égale 3,14... On le représente ordinairement par la lettre grecque π (*). Par une autre méthode, on trouve pour valeur de ce rapport

$$\pi = 3,14\ 15\ 92\ 65\ 35... \quad (**)$$

PROBLÈME II.

231. — *Trouver la longueur d'une circonférence de cercle de rayon donné R.*

Le quotient d'une circonférence quelconque par son diamètre $= 3,14...$ (n° 230). Or, dans toute division, le di-

---

(*) Prononcez *pi*. C'est la première lettre du mot grec *périphéreia* qui signifie circonférence.

(**) La première détermination de ce rapport est due à Archimède, célèbre géomètre sicilien, mort en l'an 212 avant Jésus-Christ; il a trouvé $\frac{22}{7}$ qui est exact à moins de deux millièmes près.

A. Métius, géomètre hollandais, a trouvé, au commencement du XVII° siècle, le rapport $\frac{355}{113}$ plus approché et facile à retenir, car les deux termes 113 et 355 sont formés des trois premiers nombres impairs 1, 3, 5, répétés chacun deux fois.

vidende est égal au produit du diviseur par le quotient, donc la longueur d'une circonférence quelconque est égale au produit du diamètre par le nombre constant 3,14...

Soit en général C la longueur de la circonférence, on a $\dfrac{C}{2R} = \pi$, d'où $C = 2R \times \pi$, ou $C = 2\pi R$.

232.—Réciproquement, connaissant la longueur d'une circonférence de cercle, on peut calculer le rayon : on divise la circonférence par 3,14..., cela donne pour quotient le diamètre ; on prend la moitié du quotient, on a le rayon.

PROBLÈME III.

233. — *Trouver la longueur d'un arc de cercle, de rayon R, connaissant sa valeur en degrés.*

Soit n le nombre des degrés de l'arc, la longueur de la circonférence, qui vaut 360°, égale $2\pi R$ (n° 231) ; donc la longueur de l'arc d'un degré égale $\dfrac{2\pi R}{360}$ ou $\dfrac{\pi R}{180}$ et la longueur de l'arc de n égale $\dfrac{\pi R n}{180}$.

PROBLÈME IV.

234. — *Trouver l'aire d'un cercle de rayon donné R.*
Inscrivons dans le cercle un polygone régulier quelconque, un octogone, par exemple (fig. 156). Si on joint les sommets au centre, on a huit triangles égaux ; or l'un d'eux OBC a pour mesure le produit de sa base BC par la moitié de sa hauteur OP; donc le polygone, qui est huit fois plus grand, a pour mesure le produit de 8BC par la moitié de OP;

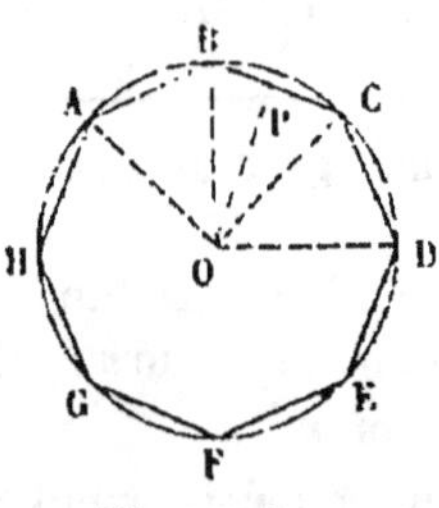

Fig. 156.

mais 8BC est le périmètre du polygone, donc *l'aire d'un polygone régulier inscrit est égale au produit de son pé-*

rimètre par la moitié de son apothème. On nomme apothème la perpendiculaire OP.

235. — Or on peut considérer le cercle comme un polygone régulier d'un nombre infiniment grand de côtés infiniment petits ; donc *l'aire d'un cercle est égale au produit de sa circonférence par la moitié de son rayon.* L'apothème se confond alors avec le rayon.

236. — 1re REMARQUE. La circonférence s'obtient en multipliant 3,14... par le double du rayon (n° 231); donc l'aire du cercle qui est égale au produit de la circonférence par la moitié du rayon s'obtient en multipliant 3,14... par le double du rayon, puis le résultat par la moitié du rayon, ce qui revient évidemment à multiplier 3,14... par le rayon, puis le résultat par le rayon, ou 3,14... par le carré du rayon. Ainsi *l'aire d'un cercle est égale au produit du carré du rayon par le nombre constant* 3,14... Soit en général S la surface du cercle et C la circonférence, on a $S = C \times \frac{1}{2} R$; mais $C = 2\pi R$, donc $S = 2\pi R \times \frac{1}{2} R$, ou $S = \pi R^2$.

237. — RÉCIPROQUEMENT. Connaissant la surface d'un cercle, on peut calculer le rayon : on divise la surface du cercle par 3,14... cela donne pour quotient le carré du rayon; on extrait la racine carrée du quotient, on a le rayon.

238. — 2e REMARQUE. Connaissant la longueur d'une circonférence de cercle, on peut calculer la surface en cherchant d'abord la valeur du rayon (n° 232). Et réciproquement, connaissant la surface d'un cercle, on peut calculer la longueur de la circonférence en cherchant d'abord la valeur du rayon (n° 237).

239. — REMARQUE. Les surfaces de deux cercles sont entre elles comme les carrés de leurs rayons, c'est-à-dire que si le rayon d'un cercle égale 2, 3, 4... fois le rayon d'un autre cercle, la surface du premier égale 4, 9, 16,... fois la surface du deuxième. Les surfaces des cercles qui ont pour rayon $1^m, 2^m, 3^m, 4^m,...$ ont en effet pour mesure

$\pi \times 1$ ou π, $\pi \times 2^2$ ou 4π, $\pi \times 3^2$ ou 9π, $\pi \times 4^2$ ou 16π...
de sorte qu'elles croissent comme les nombres 1,4,9,16,..
c'est-à-dire comme les carrés des rayons.

PROBLÈME V.

240. — *Trouver l'aire d'un secteur de cercle, de rayon
R, connaissant la valeur de son arc en
degrés.*

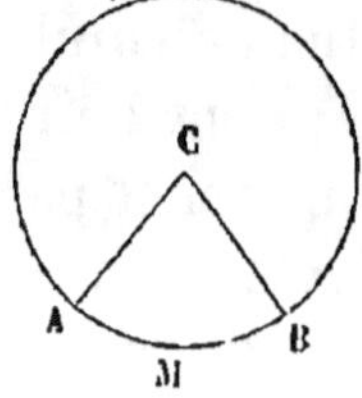

Fig. 157.

Soit ACB un secteur (fig. 157), et soit n
le nombre des degrés de l'arc ; la surface
du cercle $= \pi R^2$ (n° 236) ; mais la surface
du secteur dont l'arc a 1°, est contenue
360 fois dans le cercle, donc elle vaut $\dfrac{\pi R^2}{360}$,

et la surface du secteur donc l'arc a $n°$, égale $\dfrac{\pi R^2 n}{360}$.

241. — Lorsque la longueur de l'arc est exprimée en
mètres, on obtient la surface du secteur en multipliant la
longueur de l'arc par la moitié du rayon. Car si on imagine
une suite de cordes égales inscrites dans l'arc AMB, on obtient une portion régulière de polygone qui a pour mesure
de sa surface le produit du périmètre inscrit par la moitié
de l'apothème. (Même démonstration qu'au n° 234.) Or on
peut considérer le secteur comme une portion régulière
de polygone dont le périmètre inscrit est formé d'un nombre infiniment grand de côtés infiniment petits, donc il a
pour mesure le produit de la longueur de son arc par la
moitié du rayon. L'apothème se confond alors avec le rayon.

PROBLÈME VI.

SOLUTION APPROCHÉE DE LA QUADRATURE DU CERCLE.

241 (bis). — *Trouver, d'une manière approchée, avec
la règle et le compas, le côté du carré équivalent à un
cercle donné.*

On mène un diamètre et on divise un des deux rayons en dix parties égales (n° 162). Soit r le rayon. On trace un angle droit ; on prend à partir du sommet, sur l'un des côtés, une distance égale au rayon augmenté de 0,7 du rayon, c'est-à-dire égale à 1,7r, et, sur l'autre côté, une distance égale à la moitié du rayon, c'est-à-dire égale à 0,5r. Si on joint les extrémités de ces deux distances, on obtient un triangle rectangle dont l'hypoténuse égale approximativement le côté du carré équivalent au cercle donné. Soit en effet r cette hypoténuse, on a (n° 161)

$$x^2 = (1,7r)^2 + (0,5r)^2$$

c'est-à-dire $\qquad x^2 = 2,89r^2 + 0,25r^2 = 3,14r^2$

QUESTIONNAIRE.

227. Démontrer que les périmètres de deux polygones réguliers d'un même nombre de côtés, inscrits dans deux cercles, sont entre eux comme les rayons de ces cercles.

228. En conclure que deux circonférences sont entre elles comme leurs diamètres, et que le rapport de la circonférence au diamètre est le même pour tous les cercles.

229. Connaissant le côté d'un polygone régulier inscrit dans un cercle, comment calcule-t-on le côté du polygone régulier inscrit d'un nombre double de côtés ?

230. En conclure un procédé pour trouver une valeur approchée du rapport de la circonférence au diamètre

231. Démontrer que la longueur d'une circonférence est égale au produit du diamètre par 3,14...

232. Connaissant la longueur d'une circonférence, comment peut-on calculer le rayon ?

233. Comment calcule-t-on la longueur d'un arc de cercle, de rayon donné, connaissant sa valeur en degrés ?

234. Démontrer que l'aire de polygone régulier est égale au produit de son périmètre par la moitié de son apothème.

235. En conclure que l'aire d'un cercle est égale au produit de sa circonférence par la moitié de son rayon.

236. Démontrer que l'aire d'un cercle est égale au produit du carré de son rayon par 3,14...

237. Connaissant la surface d'un cercle, comment peut-on calculer le rayon ?

238. Connaissant la longueur d'une circonférence, comment peut-on calculer la surface du cercle, t réciproquement ?

239 Démontrer que les surfaces des cercles sont entre elles comme les carrés de leurs rayons.

240. Comment calcule-t-on l'aire d'un secteur de cercle, de rayon donné, connaissant la valeur de son arc en degrés ?

241. Démontrer que l'aire d'un secteur dont l'arc est exprimé en mètres est égale au produit de la longueur de l'arc par la moitié du rayon.

241 bis. Comment peut-on trouver d'une manière approchée, avec la règle et le compas, le côté du carré équivalent à un cercle donné ?

PROBLEMES A RÉSOUDRE.

105. Calculer la longueur d'une circonférence dont le rayon vaut 20 mètres.

106. Les $\frac{2}{3}$ du rayon d'un cercle valent 16^m. Quelle est la longueur des $\frac{3}{4}$ de la circonférence?

107. Une circonférence a 4^m,5 de rayon. Quelle est la longueur d'une demi-circonférence décrite d'un rayon quadruple?

108. On a deux circonférences de 5^m et de 7^m de rayon. Calculer la longueur d'une circonférence égale à la somme des deux premières.

109. Une circonférence de cercle vaut 400^m. Quelle est la longueur du rayon?

110. Un bassin a une base circulaire dont la circonférence égale 75^m. Quelle est la longueur du rayon?

111. Une roue a 6^m de circonférence. Quelle est la longueur du rayon?

112. Une roue a 5^m de circonférence. Calculer le rayon d'une roue dont la circonférence serait plus grande de 1^m,25.

113. Calculer la longueur d'un arc de 15° dans une cercle de 10^m de rayon?

114. Calculer la longueur de l'arc sous-tendu par le côté de l'octogone régulier inscrit dans un cercle de 25^m de rayon.

115. Calculer la longueur de l'arc de 50° 30′, dans un cercle de 65^m,29 de rayon.

116. On a un arc de 25^m dans un cercle de 25^m,97 de rayon. Combien cet arc vaut-il de degrés?

117. Un bassin a une base circulaire dont le rayon égale 8^m. Quelle est la surface de cette base?

118. Quelle est la surface d'un champ circulaire dont le rayon vaut 40^m?

119. Calculer la surface d'un champ qui a la forme d'un demi-cercle; le diamètre vaut un kilomètre.

120. Un hippodrome (*) est formé d'un rectangle terminé par deux demi-cercles décrits sur les petits côtés comme diamètres. Le rectangle a 400^m de long sur 200^m de large. Calculer le contour et la surface totale de l'hippodrome.

121. Calculer le contour et la surface d'un hippodrome formé d'un rectangle terminé par deux demi-cercles décrits sur les

---

(*) Enceinte destinée aux courses de chevaux.

petits côtés comme diamètres. Le rectangle a 500^m de long et 250^m de large.

122. La surface d'un bassin à base circulaire vaut 375^{mq}. Calculer son diamètre.

123. On a deux cercles concentriques dont les rayons valent 24^m,96 et 17^m,53. Calculer la surface de la couronne comprise entre les deux circonférences.

124. Un champ a la forme d'un demi-cercle. Deux cordes menées d'un point de la circonférence aux extrémités du diamètre valent 13^m,50 et 23^m,40. Calculer la surface de ce champ.

125. On a un parterre circulaire dont le contour égale 61^m,80. Quelle est la surface de ce parterre ?

126. La surface d'un parterre circulaire vaut 90^m. Quelle est la longueur de son contour ?

127. Calculer le rayon d'un cercle qui serait équivalent à un carré de 46^m,90 de côté.

128. Calculer la hauteur d'un rectangle qui a 142^m,80 de base et qui est équivalent à un cercle de 25^m de rayon.

129. Calculer le côté du carré dont le contour est égal à une circonférence de 12^m,50 de rayon.

130. Un champ a la forme d'un secteur circulaire. Le rayon $=47^m$ et l'angle au centre $=54°$. Calculer la surface de ce champ.

131. Calculer la surface d'un secteur dont l'arc vaut 0^m,75 dans un cercle d'un mètre de rayon.

132. On inscrit un carré dans un cercle de 0^m,073 de diamètre. Calculer la surface de ce carré.

133. On inscrit un hexagone régulier dans un cercle de 0^m,094 de diamètre. Calculer la surface de cet hexagone.

8.

GÉOMÉTRIE DANS L'ESPACE.

CHAPITRE PREMIER

De la droite et du plan.

§ **1**. — DÉFINITIONS ET THÉORÈMES DIVERS.

THÉORÈME I.

242. — *Deux droites* AB, AC, *qui se coupent* (fig. 158), *déterminent la position d'un plan.*

En effet, on peut imaginer un plan passant par AB, et on peut le faire tourner autour de AC jusqu'à ce qu'il contienne le point C, il contiendra la droite AC tout entière. Si on le fait alors tourner autour de AB, d'un côté ou de l'autre, il quittera évidemment le point C, et par conséquent AC ; donc on ne peut faire passer qu'un plan par les deux droites AB et AC, c'est-à-dire qu'elles déterminent la position d'un plan.

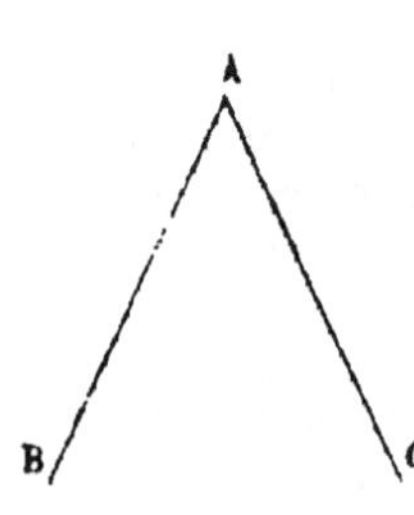

Fig. 158.

CONSÉQUENCE. Trois points A, B, C, non en ligne droite, déterminent aussi la position d'un plan.

243. — On en conclut que l'intersection de deux plans qui se coupent est une ligne droite, car s'il y avait sur cette intersection trois points A, B, C non en ligne droite, on aurait deux plans passant par ces trois points, ce qui n'est pas possible.

244. — Définition. On nomme perpendiculaire à un plan M, une droite AB (fig. 159) perpendiculaire à toutes les droites BC, BD, BE, BF, qui passent par son pied dans le plan. Le pied de la perpendiculaire est le point où la droite perce le plan.

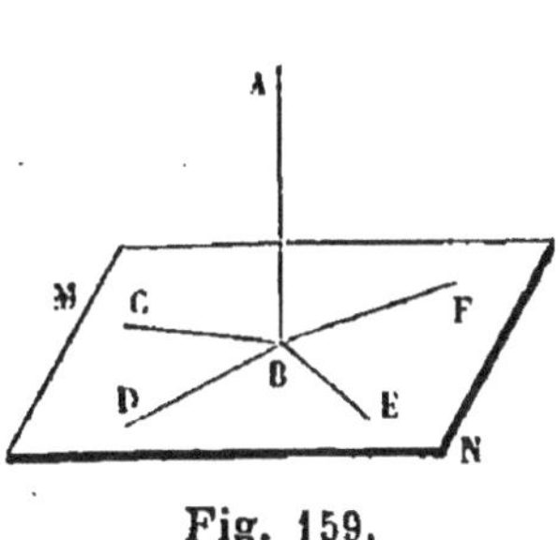

Fig. 159.

On nomme oblique à un plan une droite qui n'est pas perpendiculaire au plan.

THÉORÈME II.

245. — *Pour qu'une droite* AB (fig. 160) *soit perpendiculaire à un plan* M, *il suffit qu'elle soit perpendiculaire à deux droites* BC, BD, *passant par son pied dans le plan.*

Nous allons faire voir qu'elle est perpendiculaire à toute autre droite BI. Prolongeons AB, au-dessous du plan, d'une distance BK = AB ; menons dans le plan M une sécante quelconque DIC aux trois droites BC, BD, BI , et joignons AC, AD, AI, KC, KD, KI. Les deux triangles ACD, KCD sont égaux, comme ayant les trois côtés égaux deux à deux, savoir: CD commun, AC = CK comme obliques dont les pieds s'écartent

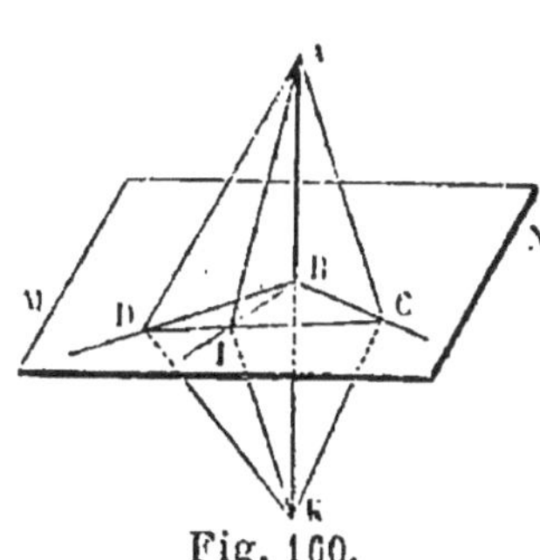

Fig. 160.

également du pied B de la perpendiculaire CB, et AD = DK, comme obliques dont les pieds s'écartent aussi également du pied B de la perpendiculaire DB. Donc l'angle ACD = KCD, et les deux triangles ACI, KCI sont égaux comme ayant un angle égal compris entre deux côtés égaux chacun à chacun. Il en résulte que AI = IK, c'est-à-dire que le triangle AIK est isocèle ; mais, dans le triangle isocèle, la droite IB qui joint le sommet I au milieu B de la base est perpendiculaire à cette base, donc IB est perpendiculaire sur AK, et réciproquement AK est perpendiculaire sur IB. C'est ce qu'il fallait prouver, car IB est une droite quelconque passant par le point B dans le plan M.

THÉORÈME III

246. — *Si d'un point* O (fig. 161), *pris hors d'un plan* MN, *on mène à ce plan une perpendiculaire et deux obliques,*

1° *Les obliques* OA, OB, *dont les pieds s'écartent également de celui de la perpendiculaire, sont égales ;*

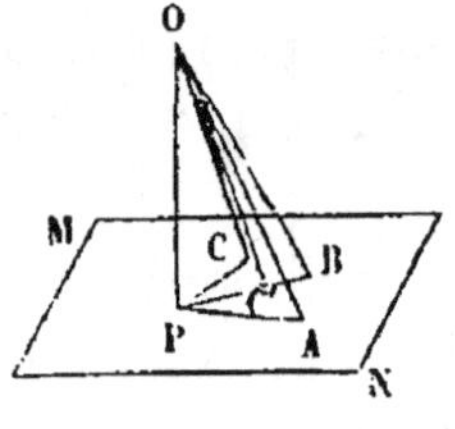

Fig. 161.

2° *La perpendiculaire* OP *est plus courte que toute oblique* OA ;

Et 3° *de deux obliques* OB, OC, *celle dont le pied s'écarte le plus de celui de la perpendiculaire est la plus longue.*

En effet, 1° les deux triangles rectangles OPA, OPB sont égaux comme ayant un angle égal compris entre deux côtés égaux chacun à chacun, donc OA = OB ;

2° Dans le plan OPA, la perpendiculaire OP à AP est plus courte que l'oblique OA (n° 51) ;

Et 3° en prenant sur PB une distance PC′ = PC et joignant OC′, on a dans le plan OPB l'oblique OB > OC′, c'est-à-dire OB > OC.

247. — DÉFINITIONS. Une droite et un plan sont parallèles, lorsque la droite et le plan ne se rencontrent pas à quelque distance qu'on les prolonge.

De même, deux plans sont parallèles lorsqu'ils ne se rencontrent pas à quelque distance qu'on les prolonge.

§ 2. — DE L'ANGLE DIÈDRE ET DE SA MESURE.

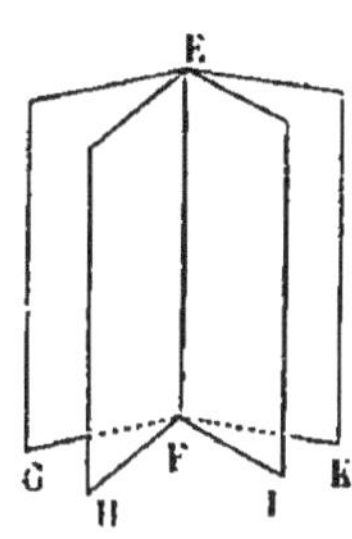

Fig. 162.

248. — Un *angle dièdre* est la figure formée par deux plans qui se rencontrent et qui sont terminés à leur intersection commune. Les deux plans se nomment les *faces*, et la droite d'intersection se nomme l'*arête*. On désigne ordinairement un angle dièdre par les deux lettres de son arête ; mais quand plusieurs angles dièdres ont la même arête, on désigne chaque angle dièdre par quatre lettres, en mettant celles de l'arête au milieu. Ainsi la figure 162 se compose de trois angles dièdres qu'on désigne par GEFH, HEFI et IEFK.

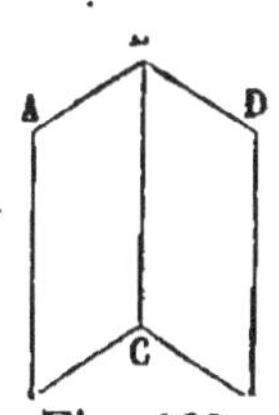

Fig 163.

249. — Si l'on suppose que AB et BD (fig. 163) soient des perpendiculaires menées dans chaque plan à la commune intersection BC, au même point B de cette commune intersection, on a un angle plan ABD qui sert de mesure à l'angle dièdre BC ; si, par exemple, l'angle plan ABD vaut 100°, on dit que l'angle dièdre ABCD vaut lui-même 100°.

250. — Pour mesurer l'angle plan ABD (fig. 163), qui sert lui-même de mesure à l'angle dièdre ABCD, on emploie un instrument nommé *fausse-équerre, sauterelle* ou *beuveau*. Il se compose de deux règles AB, CD (fig. 164) réunies à une de leurs extrémités sur un axe commun autour duquel elles peuvent tourner à frottement dur ; les arêtes

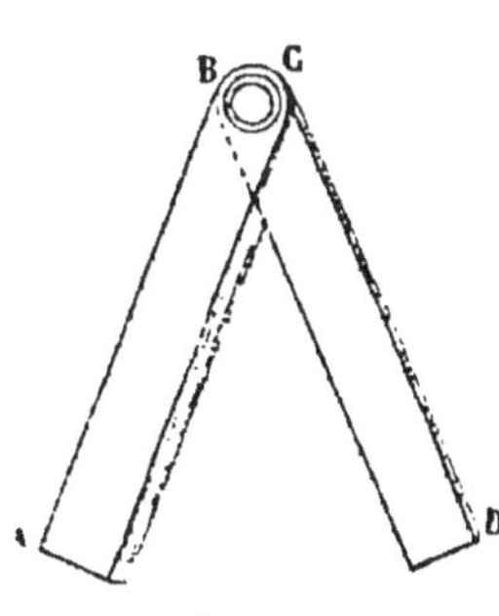

Fig. 164.

intérieures des deux règles sont respectivement parallèles aux arêtes extérieures AB, CD. Pour s'en servir on fait coïncider les bords extérieurs des deux règles avec les perpendiculaires AB, BD (fig. 163), puis on mesure au rapporteur l'angle des arêtes intérieures Il est égal à l'angle des arêtes extérieures, comme ayant les côtés parallèles deux à deux et dirigés dans le même sens, et, par conséquent, il est égal à l'angle plan ABD.

251. — Un plan est *perpendiculaire* à un autre, quand le premier rencontre le deuxième en formant avec lui deux angles dièdres adjacents égaux ; chacun de ces deux angles se nomme *angle dièdre droit*.

252. — Un plan est *oblique* à un autre, quand le premier rencontre le deuxième en formant avec lui deux angles dièdres adjacents inégaux.

Ainsi, en supposant l'angle dièdre MABQ plus grand que l'angle dièdre NABQ (fig. 165), le plan Q est oblique au plan MN

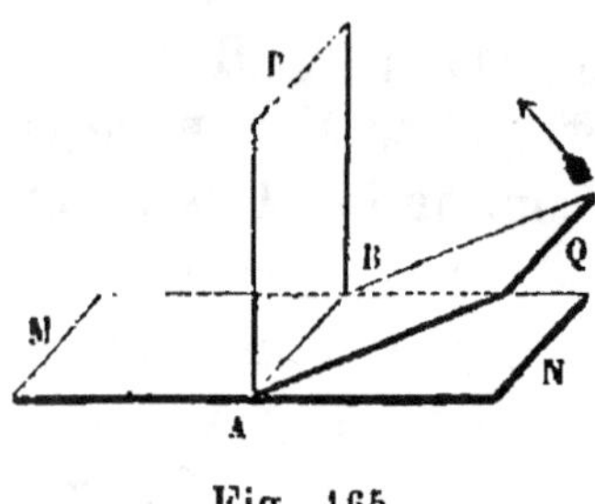

Fig. 165.

Et si l'on suppose que le plan Q tourne autour de AB dans le sens indiqué par la flèche jusqu'à ce qu'il prenne une position P telle que les deux angles dièdres adjacents MABP, NABP soient égaux, le plan P sera perpendiculaire au plan MN.

QUESTIONNAIRE DES §§ 1 ET 2

CHAPITRE II

Applications à la représentation des corps en plan, coupe et élévation.

DÉFINITIONS.

253. — Le dessin ordinaire ne suffit pas pour faire connaître les dimensions relatives des corps ; on a cherché des méthodes exactes.

On nomme *projection d'un point* sur un plan, le pied de la perpendiculaire abaissée du point sur le plan. Ce plan se nomme le *plan de projection*. Ainsi, PQ étant perpendiculaire au plan MN (fig. 166), la projection du point P sur le plan MN est le point Q, et MN est le plan de projection.

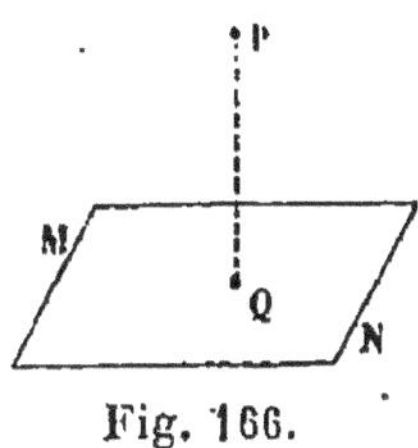

Fig. 166.

Quand un point est sur le plan de projection, il se confond avec sa projection sur ce plan.

254. — On nomme *projection d'une ligne* sur un plan, l'ensemble des projections de tous les points de la ligne sur le plan.

255. — On reconnaît aisément que la projection CD d'une ligne droite AB (fig. 167) est elle-même une ligne droite, de sorte que pour obtenir cette projection, il suffit de projeter

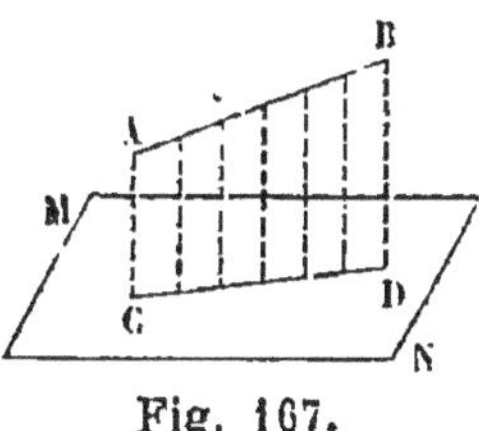

Fig. 167.

deux points A et B de la droite, et de joindre les projections C et D de ces deux points par une ligne droite. Il y a une exception quand la droite, telle que PQ (fig. 166), est perpendiculaire au plan de projection ; sa projection se réduit alors à un point.

256. — On suppose ordinairement les plans de projection horizontaux ou verticaux, et on nomme projection horizontale d'un point ou d'une droite sa projection sur un plan horizontal, et projection verticale d'un point ou d'une droite sa projection sur un plan vertical.

257. — On nomme *plan* une projection horizontale. Pour représenter un bâtiment, on le suppose coupé par une suite de plans horizontaux, et on figure sur une surface plane, à une échelle convenue, les intersections de ces plans avec toutes les surfaces qu'ils rencontrent. On projette sur ces plans les détails du bâtiment qui en sont voisins, tels que les marches des escaliers. Chaque dessin se nomme un *plan* du bâtiment. On fait ordinairement un plan de chaque étage.

De même, pour représenter une machine, on la suppose coupée par une suite de plans horizontaux, et on figure sur une surface plane, à une échelle convenue, les intersections de ces plans avec toutes les surfaces qu'ils rencontrent. On projette sur ces plans les organes de la machine qui en sont voisins. Chaque dessin est un *plan* de la machine.

258. — Le plan d'un bâtiment ou d'une machine ne suffit pas pour en donner une idée exacte. On coupe encore le bâtiment ou la machine par des plans verticaux, et on représente sur un dessin, à la même échelle, les intersections de ces plans avec les surfaces qu'ils rencontrent. Chaque dessin se nomme une *coupe verticale*, ou simplement une *coupe*, ou encore quelquefois un *profil*. Afin de ne pas multiplier les coupes, on projette ordinairement sur les plans verticaux les détails du bâtiment ou les organes de la machine qui en sont voisins.

On facilite l'intelligence des plans et des coupes, en indiquant par des hachures les parties solides rencontrées par les plans.

259. —On joint souvent à ces dessins l'*élévation* du bâtiment ou de la machine : c'est la projection du contour d'une façade et de ses principaux détails sur un plan parallèle à cette façade. Cette projection doit être réduite à la même échelle que le plan et la coupe.

Ainsi la figure 168 représente le plan d'une grange qui

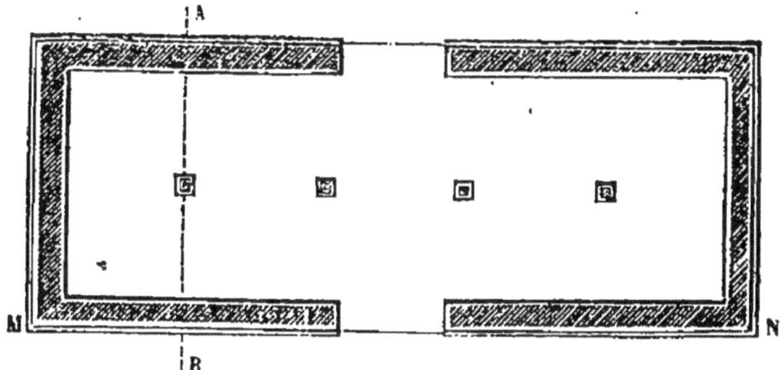

Fig. 168.

a deux portes opposées, et dont la toiture est soutenue par quatre piliers.

La figure 169 représente une coupe de la grange par

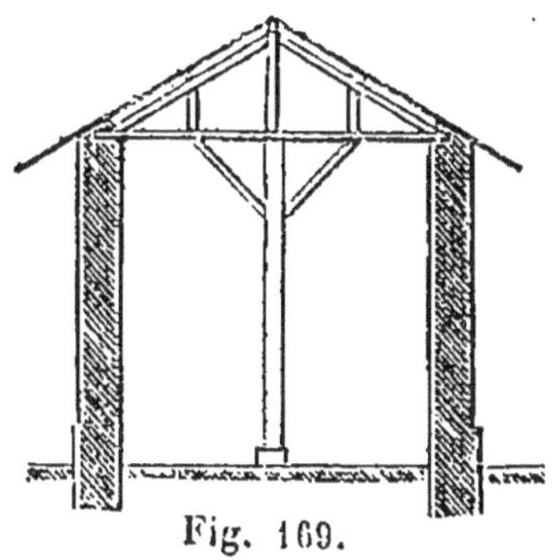

Fig. 169.

un plan vertical mené suivant la droite AB qui passe par le premier pilier.

Et la figure 170 représente l'élévation de la façade principale MN de la grange.

Fig. 170.

260. — La figure 171 représente une *coupe* des principaux organes d'une *machine à vapeur fixe*. Une semblable machine se compose essentiellement d'une *chaudière* dans laquelle se produit la vapeur (elle n'est pas représentée sur le dessin), et d'un cylindre ou *corps de pompe* A dans lequel peut se mouvoir à frottement un *piston* B. Le corps de pompe est fermé à ses deux bases ; les deux parties que sépare le piston ont chacune une ouverture qui sert alternativement à l'introduction et à la sortie de la vapeur.

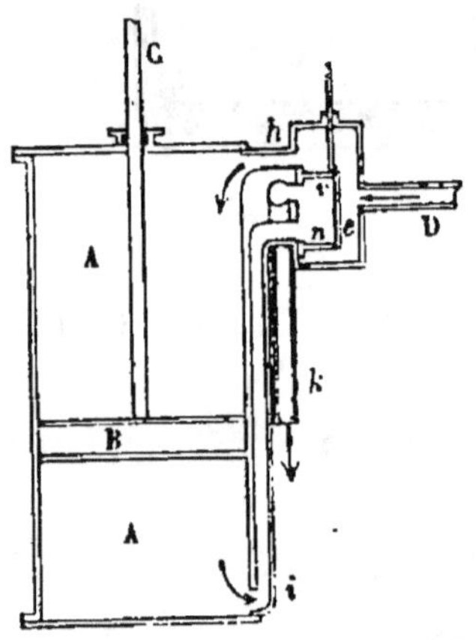

Fig. 171.

Le piston est muni d'une *tige* C qui traverse à frottement la paroi supérieure du corps de pompe.

En sortant de la chaudière, la vapeur passe par un tuyau D dans une capacité *e* qu'on nomme la *boîte à vapeur*. Cette boîte contient une pièce creuse mobile *nv* nommée le *tiroir*, qui sert à établir et à intercepter successivement la communication entre chaque compartiment du corps de pompe et la boîte à vapeur au moyen de tuyaux *h* et *i*. Le tiroir communique constamment, au moyen d'un tuyau *k*, avec l'air extérieur ou avec un réservoir particulier nommé le *condenseur*. C'est un vase dans lequel vient se liquéfier la vapeur en sortant du tiroir ; la condensation y est produite par une injection d'eau froide.

Le tuyau *k* n'est pas dans le plan vertical qui a déterminé la coupe ; on l'a projeté sur ce plan pour voir un détail de plus sur le même dessin.

Dans la position du tiroir qu'indique la figure, la vapeur passe de la boîte *e* par le tuyau *h* dans la partie supérieure du corps de pompe et le piston descend. La vapeur, qui se trouve au-dessous, passe par le tuyau *i* dans le tiroir, et de là par le tuyau *k* dans le condenseur. Quand le piston est arrivé vers le bas de sa course, le tiroir, au moyen d'un mécanisme particulier, se déplace, et ses deux bords opposés viennent se placer au-dessus des ouvertures des tuyaux *h* et *i*, de sorte que la vapeur passe de la boîte *e* par le tuyau *i* dans le compartiment inférieur du corps de pompe, et le piston monte. La vapeur, qui est au-dessus, passe par le tuyau *h* dans le tiroir, et de là par le tuyau *k* dans le condenseur. Et ainsi de suite.

Le mouvement de va-et-vient de la tige du piston transmet un mouvement circulaire alternatif à une extrémité d'un balancier dont le milieu est fixe. A l'autre extrémité est attachée une bielle qui fait tourner un cylindre ou *arbre horizontal*, comme dans la machine d'un rémouleur.

Le mouvement de l'arbre fait successivement monter et descendre le tiroir en dirigeant une petite tige fixée au tiroir, et qui traverse à frottement la paroi de la boîte à vapeur.

QUESTIONNAIRE.

253. Que nomme-t-on projection d'un point sur un plan ? Qu'est-ce que le plan de projection ?

254. Que nomme-t-on projection d'une ligne sur un plan ?

255. Comment peut-on obtenir la projection d'une ligne droite ?

256. Que nomme-t-on projection horizontale ou verticale d'un point ou d'une ligne ?

257. Qu'est-ce que le plan d'un bâtiment ou d'une machine ?

258. Qu'est-ce qu'une coupe d'un bâtiment ou d'une machine ?

259. Qu'est-ce que l'élévation d'un bâtiment ou d'une machine ?

260. Quels sont les principaux organes d'une machine à vapeur fixe ? En faire une coupe.

CHAPITRE III

Applications au nivellement et à la mesure de la base productive des terrains.

---

§ 1. — NOTIONS PRÉLIMINAIRES.

261. — On nomme *ligne verticale* toute ligne parallèle à la direction du fil à plomb, qui consiste en un fil dont l'extrémité supérieure est fixe et dont l'autre supporte un corps pesant (fig. 172).

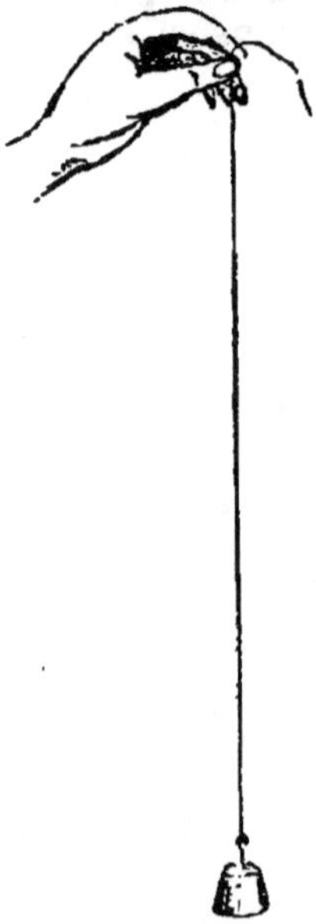

262. — Tout plan qui passe par une ligne verticale est un *plan vertical.*

On reconnaît qu'un plan est vertical quand un fil à plomb peut coïncider avec ce plan.

263. — Toute ligne perpendiculaire à la verticale est une ligne *horizontale.*

Tout plan perpendiculaire à la verticale est un plan *horizontal.* Exemple : la surface libre d'une eau tranquille d'une petite étendue.

Toutes les droites tracées sur un plan horizontal sont évidemment horizontales.

Fig. 172.

Comme deux droites déterminent la position d'un plan, tout plan mené par deux droites horizontales qui se coupent est horizontal.

264. — Le plan perpendiculaire à la verticale, mené

par l'œil d'un observateur, se nomme l'*horizon* de l'observateur ; ce plan borne sa vue dans un lieu découvert.

265. — On peut reconnaître qu'un plan est horizontal au moyen du niveau de maçon et du niveau à bulle d'air.

266. — Le *niveau de maçon* (fig. 173) se compose de deux règles de bois égales AB, BC, et d'une troisième règle MN qui fait avec les deux premières une sorte de triangle isocèle BMN. En B est suspendu un fil à plomb, et au milieu de MN est marquée une ligne de foi D. La droite BD est perpendiculaire à MN, et, par conséquent, à sa parallèle AC.

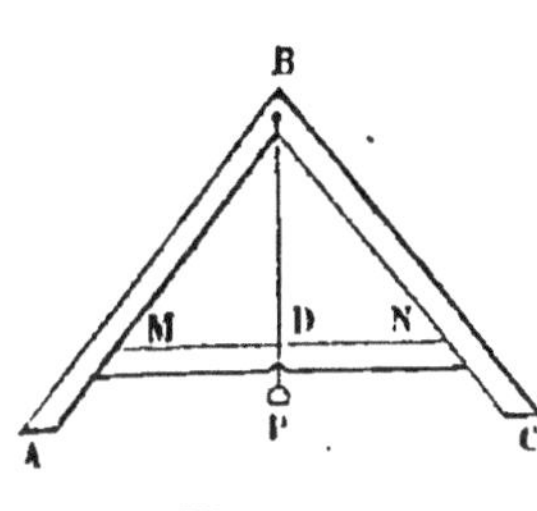

Fig. 173.

Pour reconnaître avec ce niveau si une droite d'un plan est horizontale, on applique verticalement le niveau sur la droite par ses extrémités A et C ; si le pendule BP coïncide avec la ligne de foi, la droite AC est perpendiculaire à la verticale, c'est-à-dire horizontale.

Pour reconnaître si un plan est horizontal, on trace sur le plan deux droites qui se coupent et on vérifie si elles sont horizontales. Quand cette condition est remplie, le plan est horizontal, puisqu'il passe par deux droites horizontales qui se coupent.

Le niveau a quelquefois la forme indiquée par la figure 174. La ligne de foi est perpendiculaire à la droite qui joint les extrémités inférieures des deux traverses verticales. On s'en sert comme du niveau triangulaire.

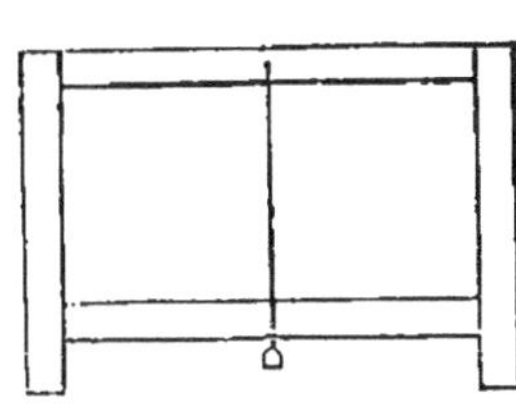

Fig. 174.

267. — Le niveau à bulle d'air (fig. 175) consiste en un tube de verre contenant un liquide coloré et une bulle d'air. Il est renfermé en partie dans un tube de laiton fixé à une règle plate également en laiton. Quand la règle est horizontale, la bulle occupe le milieu du tube. On s'en

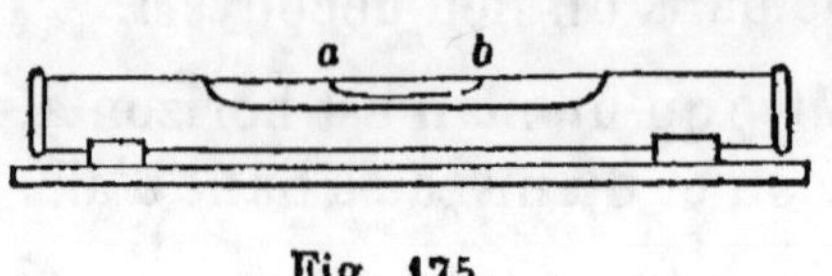

Fig. 175.

sert comme du niveau de maçon pour vérifier si un plan est horizontal.

§ 2. — NOTIONS DE NIVELLEMENT.

268. — Le *nivellement* a pour objet la détermination des distances des points remarquables d'un terrain à un même plan horizontal.

269. — Ce plan se nomme *plan de comparaison ou de niveau*. La distance d'un point au plan se nomme la *cote du point* ; et la différence des cotes de deux points quand ils sont d'un même côté du plan de comparaison, ou leur somme quand ils sont de part et d'autre de ce plan, se nomme la *différence de hauteur ou de niveau* des deux points, ou encore la hauteur de l'un au-dessus de l'autre.

Les principaux instruments employés sont le niveau d'eau et la mire.

270. — Le *niveau d'eau* se compose d'un tube ordinairement en fer-blanc, courbé à angle droit à ses deux extrémités, et terminé par deux petites fioles de verre, sans fond, mastiquées dans le fer-blanc. Il est supporté à son milieu par un pied à trois branches. On le remplit d'eau colorée jusque vers le milieu des fioles, le liquide se met de niveau, c'est-à-dire que les deux surfaces libres sont sur un même plan horizontal. Il en résulte qu'en menant un rayon visuel qui rase ces deux surfaces, on a une direction horizontale (fig. 176).

271. — La *mire* (fig. 176 *bis*) se compose d'une règle de bois divisée en centimètres le long de laquelle peut se

Fig. 176.   Fig. 176 *bis*

mouvoir une plaque carrée qu'on nomme le *voyant*. Cette plaque est divisée en quatre parties égales, dont deux sont peintes en blanc, et les deux autres en rouge ou en noir.

PROBLÈME.

Trouver les cotes, et par suite la différence de niveau, de deux points A *et* B (fig. 177).

272. — On peut établir le niveau au-dessus du point A,

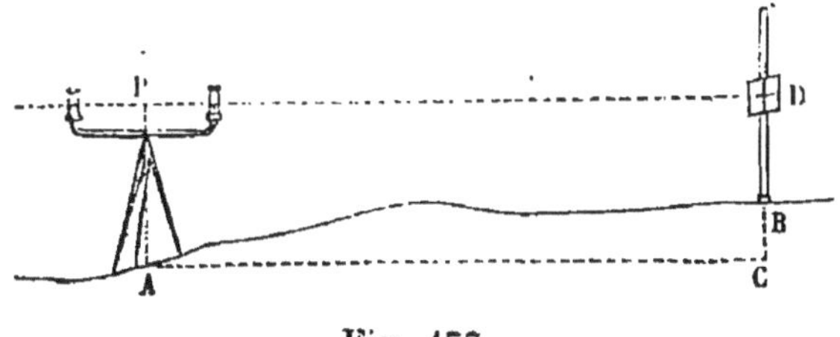

Fig. 177.

et faire porter par un aide la mire au point B. On lui fait signe d'élever ou d'abaisser le voyant jusqu'à ce que la ligne de visée, qui rase les surfaces libres du liquide dans les deux fioles, passe par le centre du voyant.

La hauteur AP du niveau au-dessus du point A, diminuée de la hauteur BD du centre du voyant au-dessus du point B, est la hauteur du point B au-dessus du point A. Si on désigne BD par a et AP par a', et si on imagine AC parallèle à PD, on voit que cette hauteur du point B au-dessus du point A, ou $a' - a$, est égal à BC.

On peut aussi installer le niveau entre les points A et B.

273. — Si les points donnés A et B sont trop éloignés ou si le terrain est trop inégal pour que la mire transportée successivement en A et en B soit visible d'une même station, on choisit des points intermédiaires M, N, P (*) assez voisins pour qu'on puisse mesurer, comme précédemment, la hauteur de chacun d'eux au-dessus du précédent ; on dit alors que le *nivellement* est *composé*. Le niveau étant établi entre A et M, soient a et a' les hauteurs du centre du voyant au-dessus des points M et A, a se nomme la *cote en avant* ou le *coup de niveau en avant*, parce que la ligne de visée qui fait connaître cette cote est dirigée vers la station d'arrivée B ; et a' se nomme la *cote en arrière* ou le *coup de niveau en arrière*, parce que la ligne de visée qui détermine cette cote est dirigée vers la station de départ A. La hauteur du point M au-dessus du point A est $a' - a$.

Le niveau étant ensuite successivement établi entre M et N, N et P, P et B, soient b et b', c et c', d et d' les hauteurs successives du centre du voyant au-dessus des points N et M, P et N, B et P ; b, c, d sont des coups d'avant, et b', c', d', des coups d'arrière. La hauteur du point N au-dessus du point M est $b' - b$, celle du point P au-dessus du point N est $c' - c$, et celle du point B au-dessus du point P est $d' - d$; donc *la hauteur du point d'arrivée B au-dessus du point de départ A égale*

$$(a' - a) + (b' - b) + (c' - c) + (d' - d) = (a' + b' + c' + d') - (a + b + c + d),$$

(*) On est prié de faire la figure.

c'est-à-dire *la somme des coups d'arrière diminuée de la somme des coups d'avant.*

274. — Quand la somme des coups d'avant est plus grande que la somme des coups d'arrière, le point d'arrivée est plus bas que le point de départ, et la différence de hauteur des deux points est égale à la différence des deux sommes. Quand les deux sommes sont égales, les points A et B sont de niveau.

QUESTIONNAIRE DES §§ 1 ET 2.

261. Qu'est-ce qu'un fil à plomb ? Qu'est-ce qu'une ligne verticale ?

262. Qu'est-ce qu'un plan vertical ? Comment peut-on reconnaître qu'un plan est vertical ?

263. Qu'est-ce qu'une ligne horizontale, un plan horizontal ? Citer un exemple.

264. Qu'est-ce que l'horizon ?

265. Comment peut-on reconnaître qu'un plan est horizontal ?

266. Qu'est-ce que le niveau de maçon ? Comment s'en sert-on ?

267. Qu'est-ce que le niveau à bulle d'air ?

268. Qu'est-ce que le nivellement ?

269. Que nomme-t-on plan de comparaison ou de niveau, cote d'un point, différence de hauteur de deux points ?

270. Qu'est-ce que le niveau d'eau ?

271. Qu'est-ce qu'une mire, le voyant ?

272. Comment détermine-t-on la différence de hauteur de deux points quand la mire transportée successivement en ces points est visible d'une même station ?

273. Quand la mire est invisible ? Que nomme-t-on coups d'avant, coups d'arrière ? Démontrer que la hauteur du point d'arrivée au-dessus du point de départ est égale à la somme des coups d'arrière diminuée de la somme des coups d'avant.

274. Que vaut la différence de hauteur des deux points quand la somme des coups d'avant est plus grande que la somme des coups d'arrière ? quand les deux sommes sont égales ?

PROBLÈMES A RÉSOUDRE.

134. Trouver la différence de niveau de deux points, sachant que les hauteurs du centre du voyant au-dessus de ces points sont $0^m,44$ et $1^m,28$.

135. Trouver la différence de hauteur de deux points A et B : on a choisi un point intermédiaire M ; les coups d'avant de M et de B sont $0^m,24$ et $0^m,75$, et les coups d'arrière de A et de M sont $1^m,35$ et $1^m,72$.

136. Calculer la différence de hauteur de deux points A et B, sachant qu'on a choisi deux points auxiliaires M et N. Les coups d'avant des points M, N et B sont $1^m,27$ $0^m,96$ et $1^m,54$, et les

coups d'arrière des points A, M et N sont $0^m,76$, $1^m,16$ et $0^m,45$.

137. Quelle est la différence de niveau de deux points éloignés A et B? On a choisi trois points intermédiaires M, N et P. Les coups d'avant des points M, N, P, B, sont $1^m,32$ $1^m,06$, $0^m,95$ et $0^m,76$ et les coups d'arrière des points A, M, N, P, sont $0^m,54$, $0^m,67$, $1^m,28$ et $1^m,60$.

138. Calculer la différence de hauteur de deux points éloignés A et B, sachant qu'on a choisi quatre points auxiliaires M, N, P, Q. Les résultats des observations sont inscrits dans le tableau suivant, qu'on nomme *registre de nivellement :*

Nᵒˢ DES STATIONS.	COUPS D'AVANT.	COUPS D'ARRIÈRE.
1ᵉʳ entre A et M	$0^m,12$	$1^m,63$
2ᵉ » M et N	$0^m,17$	$1^m,84$
3ᵉ » N et P	$0^m,09$	$1^m,75$
4ᵉ » P et Q	$0^m,24$	$1^m,96$
5ᵉ » Q et B	$0^m,15$	$1^m,83$

§ 3. — MESURE DE LA BASE PRODUCTIVE DANS LES PAYS DE MONTAGNES.

275. — On nomme *base productive* d'un terrain sa projection sur un plan horizontal. Cette dénomination vient de ce que, les végétaux croissant verticalement, un terrain incliné en contient autant que sa projection sur un plan horizontal.

276. — Un terrain quelconque peut toujours être décomposé en triangles, et un triangle a pour mesure la moitié du produit de sa base par sa hauteur ; il en résulte que pour évaluer la base productive d'un terrain, il suffit de mesurer les projections de certaines lignes.

277. — Soit AB une de ces lignes (fig. 178). Deux observateurs la jalonnent (n° 71) ; puis ils tendent la chaîne horizontalement dans la direction AB,

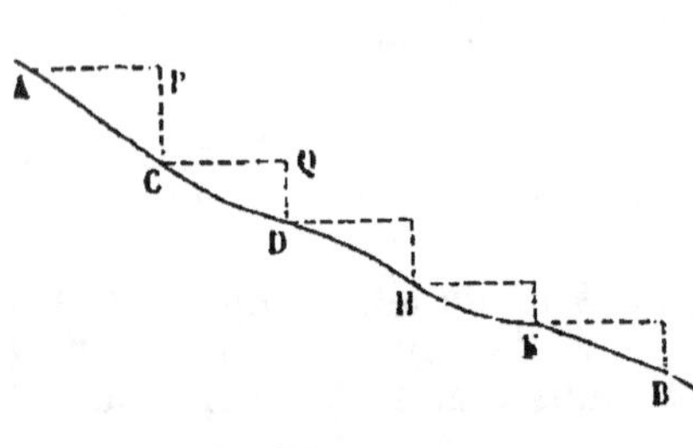

Fig. 178.

de manière qu'une de ses extrémités soit en A. De l'autre extrémité P de la chaîne, on laisse pendre un fil à plomb, ou bien on laisse tomber verticalement une fiche qui détermine le point C. Puis on transporte en C l'extrémité de la chaîne qui était en A, on la tend de nouveau dans l'alignement AB, et on détermine, comme précédemment, la projection D de son autre extrémité Q, et ainsi de suite. La projection de AB = AP + CQ + ...

Au lieu de la chaîne qui est trop pesante pour prendre, lorsqu'elle est tendue, une direction sensiblement horizontale, on emploie souvent un cordeau d'une longueur connue.

278. — On détermine généralement *à vue* les directions horizontales telles que AP. Quand on veut une plus grande exactitude, on emploie le niveau d'eau. On le dispose entre A et C, et on l'élève plus ou moins en rapprochant plus ou moins les trois branches qui en forment le pied, jusqu'à ce que le coup de niveau en arrière passe en A, ou en général par un point au-dessus de A ; le coup de niveau en avant détermine sur la mire le point P à la même hauteur que A, ou en général un deuxième point à la même hauteur que le premier.

----

§ 4. — LEVÉ DES PLANS DANS LES PAYS DE MONTAGNES.

279. — Dans le levé des plans, nous avons supposé le terrain horizontal ou à peu près. Quand il est incliné, on suppose son contour projeté sur un plan horizontal et on lève le plan de sa projection, c'est-à-dire qu'on détermine une figure semblable à cette projection.

Cela exige la mesure des projections horizontales de certaines lignes jalonnées et des angles de ces projections.

Quand on a le plan du terrain, pour donner une idée des inégalités qu'il présente, on peut indiquer les cotes des points les plus remarquables, c'est-à-dire leurs distances au plan de projection.

280. — On mesure l'angle des projections horizontales de deux droites au moyen du *graphomètre à lunette plongeante* (fig. 179). Il se compose d'un limbe MN et d'une lunette mobile autour du limbe. Elle est, de plus, mobile dans un plan vertical.

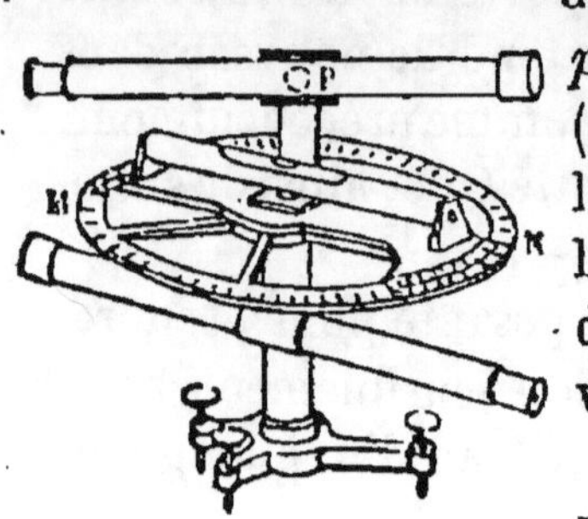

Fig. 179.

Pour se servir de ce graphomètre, on fait en sorte que le centre du limbe soit sur la verticale du sommet de l'angle, le limbe MN étant horizontal. Puis on fait planter deux jalons dans la direction des deux côtés de l'angle, s'il n'y a aucun signal. On vise ensuite successivement chaque jalon avec la lunette, en l'élevant ou en l'abaissant suffisamment. L'arc du limbe compris entre les deux positions successives d'un index mobile avec la lunette est la mesure de la projection de l'angle sur le plan horizontal du limbe.

Cette projection d'un angle se nomme l'*angle réduit à l'horizon*.

Le graphomètre a souvent un pied muni de vis calantes. On le place alors sur un support plan, et on tourne les vis dans un sens ou dans l'autre pour rendre le limbe horizontal. On reconnaît si cette condition est remplie au moyen d'un niveau à bulle d'air qui repose sur le limbe.

Il est aussi quelquefois muni d'une deuxième lunette, placée au-dessous du limbe, comme dans la figure 179 ; cette lunette remplace alors l'alidade fixe du graphomètre ordinaire.

QUESTIONNAIRE DES §§ 3 ET 4.

275. Que nomme-t-on base productive d'un terrain ?

276. Comment mesure-t-on une base productive ?

277. Comment mesure-t-on la projection horizontale d'une droite jalonnée ?

278. Comment détermine-t-on une direction horizontale ?

279. Comment lève-t-on un plan dans les pays de montagnes ?

280. Qu'est-ce que le graphomètre à lunette plongeante ? Comment s'en sert-on pour mesurer l'angle des projections horizontales de deux droites ?

CHAPITRE IV

Mesure des polyèdres.

DÉFINITIONS.

281. — Un *polyèdre* est un solide terminé de toutes parts par des portions de plan qu'on nomme les *faces* du polyèdre. Les faces sont terminées par des lignes droites qu'on nomme les *arêtes*.

282. — Un *prisme* est un solide tel que ABCDEFGHIK (fig. 180) dont les deux faces opposées sont des polygones égaux et parallèles, et dont les autres faces sont des parallélogrammes. La *base* du prisme est un des deux polygones égaux et parallèles, et la *hauteur* est une perpendiculaire commune à la base et à la face opposée.

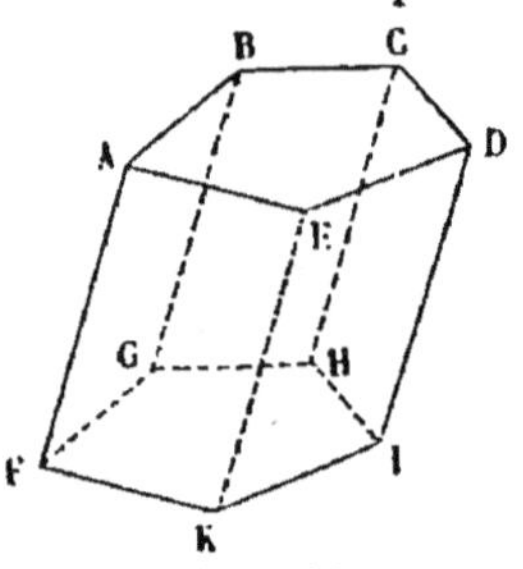

Fig. 160.

283. — Un prisme est triangulaire, quadrangulaire, pentagonal, hexagonal,... suivant que la base est un triangle, un quadrilatère, un pentagone, un hexagone...

284. — Un *prisme* est *oblique* quand les arêtes latérales sont obliques au plan de la base : tel est le prisme pentagonal (fig. 180) ; et un *prisme* est *droit* quand les arêtes latérales sont perpendiculaires au plan de la base : tel est le prisme pentagonal (fig. 181).

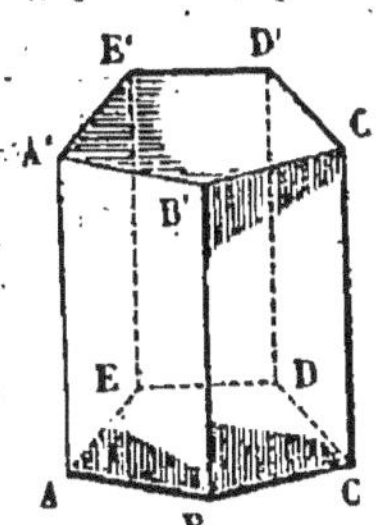

Fig. 181.

285. — Un *parallélipipède* est un prisme tel que ABCDEFGH (fig. 182), dont la base est un parallélogramme, de sorte que les six faces sont des parallélogrammes. Un parallélipipède est droit ou oblique, suivant que ses arêtes latérales sont perpendiculaires ou obliques au plan de la base.

Un *parallélipipède* rectangle est un parallélipipède droit dont la base est un rectangle.

286. — Un *cube* est un parallélipipède rectangle compris sous six carrés égaux, comme le dé à jouer.

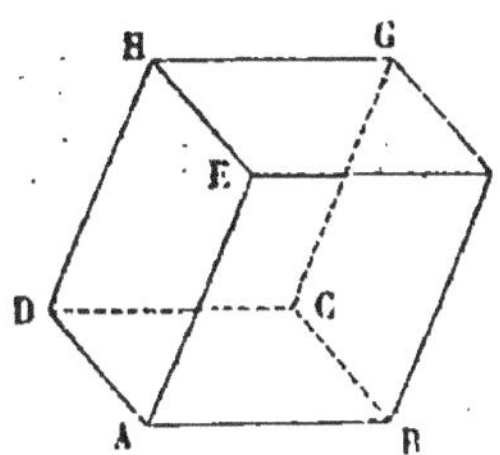

Fig. 182.

287. — Une *pyramide* est un solide dont une face est un polygone quelconque ABCDE (fig. 183) et dont les autres faces sont des triangles qui ont leur sommet au même point S. Le polygone se nomme la *base* de la pyramide, le point S de concours des triangles se nomme le *sommet*, et la perpendiculaire SO, menée du sommet sur le plan de la base, se nomme la *hauteur* de la pyramide.

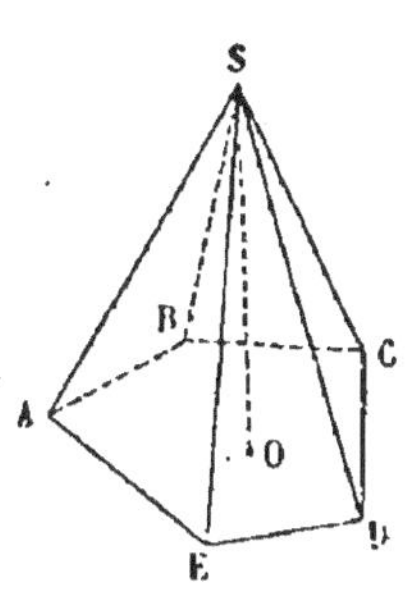

Fig. 183.

288. — Une pyramide est triangulaire, quadrangulaire, pentagonale, hexagonale... suivant que la base est un triangle, un quadrilatère, un pentagone, un hexagone...

289. — L'unité de volume est le mètre cube ; c'est un cube dont toutes les arêtes valent un mètre.

290. — Il vaut 1 000 décimètres cubes.

Supposons, en effet (fig. 184), un cube d'un mètre de côté. La base vaut 10×10 ou 100 décimètres carrés (n° 194). Si on partage la hauteur en 10 parties égales, chaque division vaut 1 décimètre ; et si, par les points de division, on imagine des plans parallèles à la base, on décompose le mètre cube en dix tranches égales, car elles sont superposables ; mais le volume compris entre la base et le premier plan vaut évidemment 100 décimètres cubes ; donc le mètre cube vaut 10 fois 100 ou

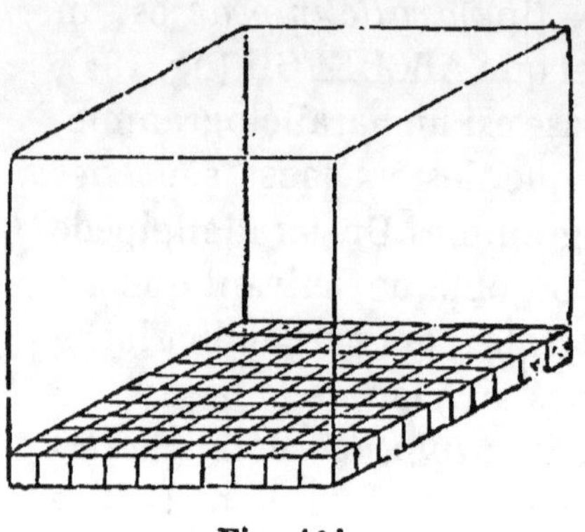

Fig. 184.

1 000 décimètres cubes.

On verrait de même que le décimètre cube vaut 1 000 centimètres cubes et le centimètre cube 1 000 millimètres cubes, de sorte que le mètre cube vaut 1 000 fois 1 000 ou 1 000 000 de centimètres cubes, et 1 000 000 de fois 1 000 ou 1 000 000 000 de millimètres cubes.

291. — *Mesurer un volume*, c'est déterminer combien il contient de mètres cubes et de parties égales du mètre cube.

292. — On nomme *solides équivalents* les solides qui ont des volumes égaux sans être superposables.

QUESTIONNAIRE.

281. Que nomme-t-on polyèdre, faces d'un polyèdre, arêtes ?

282. Qu'est-ce qu'un prisme ? Que nomme-t-on base et hauteur d'un prisme ?

283. Qu'est-ce qu'un prisme triangulaire, quadrangulaire, pentagonal ?....

284. Qu'est-ce qu'un prisme oblique, un prisme droit ?

285. Qu'est-ce qu'un parallélipipède, un parallélipipède droit, oblique, rectangle ?

286. Qu'est-ce qu'un cube ?

287. Qu'est-ce qu'une pyramide ? Que nomme-t-on base. sommet, hauteur de la pyramide ?

288. Qu'est-ce qu'une pyramide triangulaire, quadrangulaire, pentagonale ?

289. Quelle est l'unité de volume ?

290. Démontrer qu'un mètre cube vaut 1000 décimètres cubes, 1000000 de centimètres cubes.

291. Qu'est-ce que mesurer un volume ?

292. Que nomme-t-on solides équivalents ?

§ 1. — MESURE DU VOLUME DU PARALLÉLIPIPÈDE ET DU PRISME.

THÉORÈME I.

293. — *Le volume d'un parallélipipède rectangle* AG fig. 185) *est égal au produit de sa base par sa hauteur.*

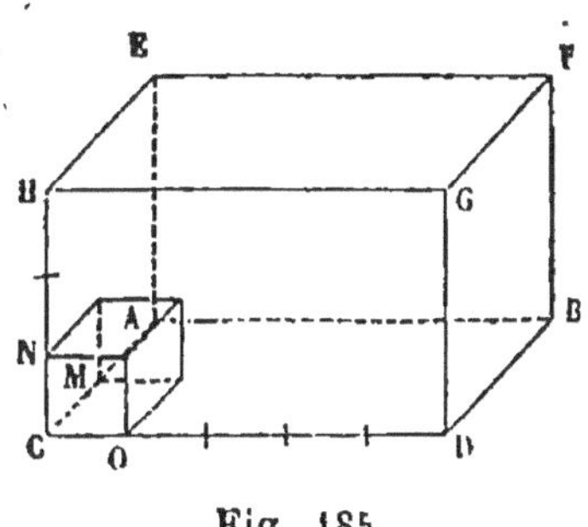

Fig. 185.

Supposons d'abord que les trois dimensions soient représentées par des nombres entiers. Soit, par exemple, AC $= 2^m$, CD $= 5^m$ et CH $= 3^m$. La surface de la base ABCD vaut 2×5 ou 10 mètres carrés (n° 201). Si on divise la hauteur CH en trois parties égales, chaque division vaut un mètre. Si par les points de division on imagine des plans parallèles à la base, on décompose le parallélipipède rectangle en trois tranches égales, car elles sont superposables ; mais la première tranche vaut évidemment 10 mètres cubes, car elle contient 10 cubes comme celui dont les arêtes CM, CN, CO égalent un mètre chacune ; donc le volume total vaut 3 fois 10 ou 30 mètres cubes.

Supposons encore que les dimensions soient représentées par des nombres fractionnaires. Soit, par exemple, AC $= 2^m,4$, CD $= 5^m,8$ et CH $= 4^m$. En prenant le décimètre pour unité, on démontrerait, comme précédemment, que le volume vaut $24 \times 58 \times 40$ ou 55680 décimètres cubes ; mais le décimètre cube est le millième du mètre cube, donc ce nombre vaut $55^{mc},680$, c'est-à-dire le produit des trois dimensions du parallélipipède, ou de la base par la hauteur.

294. — Le cube est un parallélipipède rectangle compris sous six carrés égaux; donc ses trois dimensions sont égales et son volume est égal au cube de son côté. Ainsi le cube de 7 mètres de côté vaut $7 \times 7 \times 7$ ou 343 mètres cubes.

295. — Si la base ou la hauteur d'un parallélipipède rectangle devient 2, 3, 4,.... fois plus grande, son volume devient évidemment 2, 3, 4,.... fois plus grand; donc deux parallélipipèdes rectangles de même hauteur sont entre eux comme leurs bases, et deux parallélipipèdes rectangles de même base sont entre eux comme leurs hauteurs.

THÉORÈME II.

296.—*Le volume d'un parallélipipède droit* ABCDEFGH (fig. 186) *est égal au produit de sa base* EFGH *par sa hauteur* AE.

On suppose que la base EFGH est un parallélogramme.

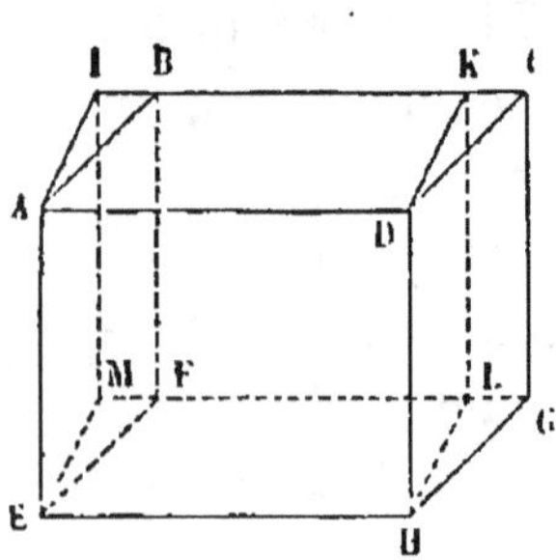

Fig. 186.

Si par les arêtes antérieures AE, DH, on imagine des plans AEMI, DHLK, perpendiculaires à la face opposée, on détermine un parallélipipède rectangle AIKDEMLH de même hauteur AE que le premier, et dont la base EMLH est un rectangle équivalent au parallélogramme EFGH (n° 205). Les deux prismes triangulaires droits AIBEMF, DKCHLG sont égaux; ils ont des bases égales, EMF = HLG, et des hauteurs égales, AE = DH, donc ils sont superposables. Or, si au prisme quadrangulaire droit ABKDEFLH on ajoute le prisme triangulaire droit AIBEMF, on a le parallélipipède rectangle MD; et si à ce prisme on ajoute au contraire le prisme triangulaire droit DKCHLG, on a le parallélipipède droit FD; donc le parallélipipède droit est équivalent au parallélipipède rectangle. Mais le parallélipipède rectangle a pour mesure de son volume EMLH × AE, donc le parallélipipède droit a la même mesure ou bien EFGH × AE, c'est-à-dire le produit de sa base par sa hauteur.

Deux parallélipipèdes droits de même hauteur sont entre eux comme leurs bases, et deux parallélipipèdes droits de même base sont entre eux comme leurs hauteurs.

THÉORÈME III.

297. — *Le volume d'un prisme triangulaire droit* ABCDEFG (fig. 187) *est égal au produit de sa base* EFG *par sa hauteur* AE.

Si on achève le parallélipipède droit ABCDEFGH qui a

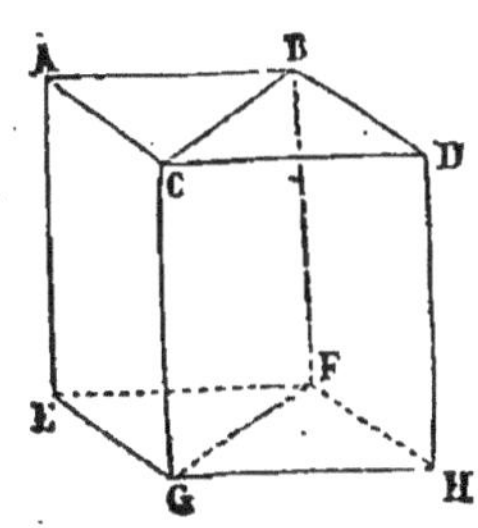

Fig. 187.

même hauteur AE que le prisme droit et pour base le parallélogramme EFGH, double du triangle EFG, on détermine un deuxième prisme triangulaire droit BCDFGH égal au premier ; car ils ont des bases égales, EFG = FGH, et des hauteurs égales, AE = DH, de sorte qu'ils sont superposables. Or, le volume du parallélipipède droit ABCDEFGH est égal au produit de sa base EFGH par sa hauteur AE (n° 296) ; donc le prisme triangulaire droit ABCEFG, qui en est la moitié, a pour mesure de son volume la moitié de ce produit, c'est-à-dire le produit de sa base EFG, moitié de celle du parallélipipède, par sa hauteur AE.

THÉORÈME IV.

298. — *Le volume d'un prisme triangulaire oblique* PMON (fig. 190) *est égal au produit de sa base par sa hauteur.*

Soit DABC (fig. 188) un prisme droit dont la base ABC = la base MON du prisme oblique et dont la hauteur

AD égale celle du prisme oblique. Divisons AD en parties égales, et par les points de division menons des plans pa-

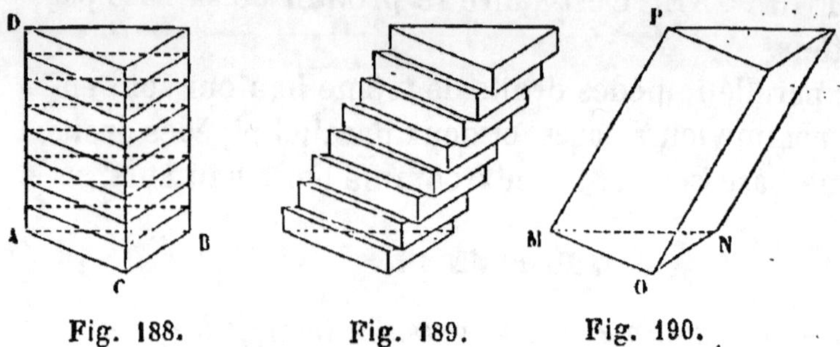

Fig. 188.   Fig. 189.   Fig. 190.

rallèles à la base. Nous aurons de petits prismes droits égaux. Supposons les bases ABC, MON dans le même plan, et imaginons qu'on fasse glisser les petits prismes jusqu'à ce que les sommets supérieurs soient sur des parallèles aux arêtes latérales du prisme oblique PMON ; on obtient ainsi un solide (fig. 189) dont la forme diffère d'autant moins de celle du prisme oblique que les tranches sont plus minces et plus nombreuses. On peut donc regarder le prisme comme équivalent à la somme de toutes ces tranches, c'est-à-dire qu'il est équivalent au prisme droit DABC ; donc il a la même mesure ou le produit de sa base par sa hauteur.

THÉORÈME V.

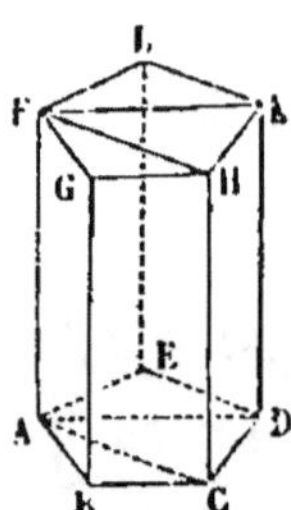

Fig. 191.

299. — *Le volume d'un prisme polygonal quelconque (fig. 191) est égal au produit de sa base par sa hauteur.*

En effet, si on imagine les plans AFHC, AFKD, on décompose le prisme polygonal en prismes triangulaires qui ont même hauteur que lui. Or chaque prisme triangulaire a pour mesure le produit de sa base par sa hauteur (n° 298) ; donc la somme de ces prismes ou le prisme total a pour mesure le produit de la somme des bases ou de la base totale par la hauteur.

300. — CONSÉQUENCE. Le volume d'un parallélipidède quelconque est aussi égal au produit de sa base par sa hauteur, car le parallélipidède est un prisme (n° 285).

QUESTIONNAIRE.

293. Démontrer qu'un parallélipipède rectangle a pour mesure le produit de sa base par sa hauteur.

294. En conclure qu'un cube a pour mesure le cube de son côté.

295. Démontrer que deux parallélipipèdes rectangles de même base sont entre eux comme leurs hauteurs, et réciproquement.

296. Démontrer qu'un parallélipipède droit a pour mesure le produit de sa base par sa hauteur.

297. Démontrer qu'un prisme triangulaire droit a pour mesure le produit de sa base par sa hauteur.

298. Démontrer qu'un prisme triangulaire oblique est équivalent au prisme droit de même base et de même hauteur. En conclure la mesure d'un prisme oblique.

299. Démontrer qu'un prisme quelconque a pour mesure le produit de sa base par sa hauteur.

300. En conclure la mesure d'un parallélipipède quelconque.

---

§ 2. — MESURE DU VOLUME DE LA PYRAMIDE ET D'UN POLYÈDRE QUELCONQUE.

THÉORÈME VI.

301. — *Deux pyramides triangulaires qui ont des bases égales* (fig. 192 et 194) *et des hauteurs égales sont équivalentes.*

Supposons que les bases des deux pyramides soient dans le même plan. Décomposons la pyramide SABC (fig. 192) en tranches d'égale hauteur par des plans parallèles à la base ABC, et imaginons qu'on fasse glisser ces tranches les unes sur les autres jusqu'à ce que les sommets supérieurs soient sur des parallèles aux arêtes latérales de la deuxième pyramide ; on obtient ainsi un solide (fig. 193) dont la forme diffère d'autant moins de celle de la deuxième pyramide que les tranches sont plus minces et plus nombreuses. On peut donc regarder la deuxième pyramide comme équivalente à la somme de toutes ces

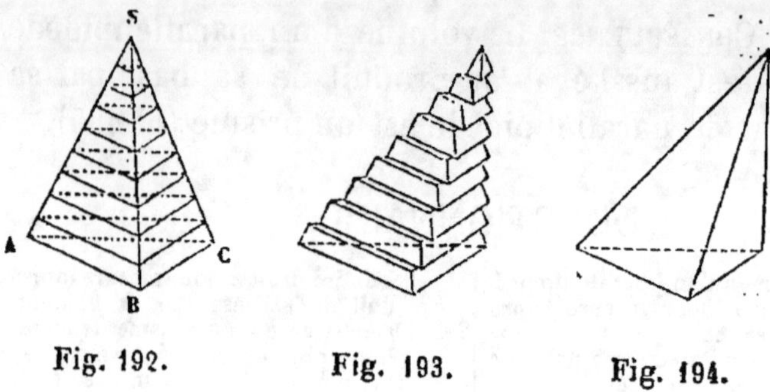

Fig. 192.   Fig. 193.   Fig. 194.

tranches, c'est-à-dire à la première pyramide ; c'est ce qu'il fallait faire concevoir.

THÉORÈME VII.

302. — *Le volume d'une pyramide triangulaire SABC (fig. 195) est égal au tiers du produit de sa base par sa hauteur.*

Soit en effet ABCDES un prisme triangulaire ayant même base ABC que la pyramide, même hauteur et une arête latérale BS commune avec elle. Supposons qu'on retranche du prisme la pyramide triangulaire SABC, il

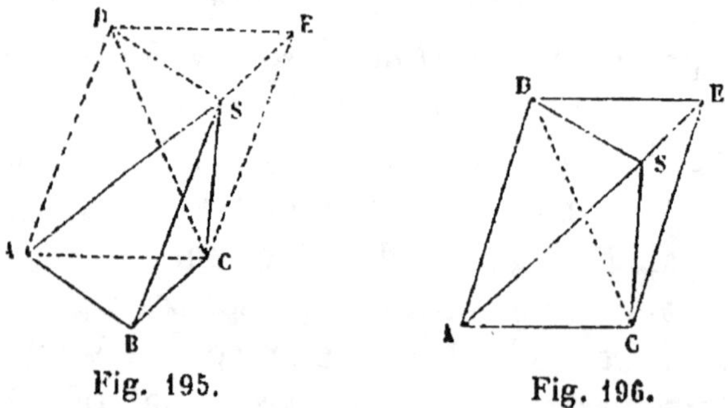

Fig. 195.   Fig. 196.

reste la pyramide quadrangulaire SADEC (fig. 196), qui a pour base le parallélogramme ADEC et pour sommet le point S. Si on imagine le plan DSC, on décompose cette pyramide en deux pyramides triangulaires SADC, SDEC équivalentes (n° 301), car elles ont des bases égales, ADC=EDC, comme moitiés d'un même parallélogramme, et une hauteur commune : c'est la perpendiculaire abaissée du point S sur le plan ADEC. Mais la pyramide SDEC peut être considérée comme ayant le point C pour sommet et le triangle DES pour base ; donc elle est équivalente à la pyramide SABC (fig. 195), car elles ont des bases égales ABC = DES et pour hauteur celle du prisme. Donc les trois pyramides triangulaires qui composent le prisme sont équivalentes, donc la pyramide SABC en est le tiers. Mais le prisme a pour mesure le produit de sa base par sa hauteur ; donc la pyramide a pour mesure le tiers du produit de sa base par sa hauteur.

THÉORÈME VIII.

303. — *Le volume d'une pyramide polygonale quelconque* (fig. 197) *est égal au tiers du produit de sa base par sa hauteur.*

En effet, si on imagine les plans SAC, SAD, on décompose la pyramide polygonale en pyramides triangulaires qui ont même hauteur qu'elle, SO. Or, chaque pyramide triangulaire a pour mesure le tiers du produit de sa base par sa hauteur (n° 302) ; donc la somme de ces pyramides ou la pyramide totale a pour mesure le tiers du produit de la somme des bases ou de la base totale par la hauteur.

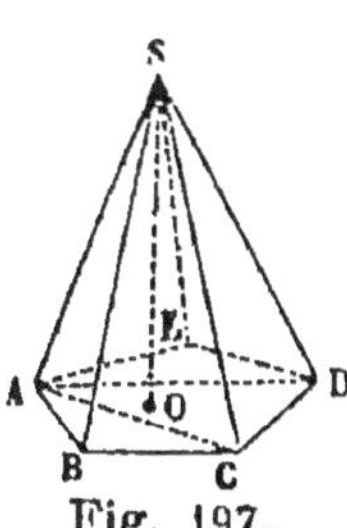

Fig. 197.

304. — Pour évaluer le volume d'un polyèdre, on le décompose en pyramides. On mesure chaque pyramide et on fait la somme de leurs mesures.

§ 3. — RAPPORT DES VOLUMES DES POLYÈDRES SEMBLABLES.

DÉFINITIONS.

305. — On nomme *angle solide* ou *angle polyèdre*, la figure formée par plusieurs plans qui passent par un même point.

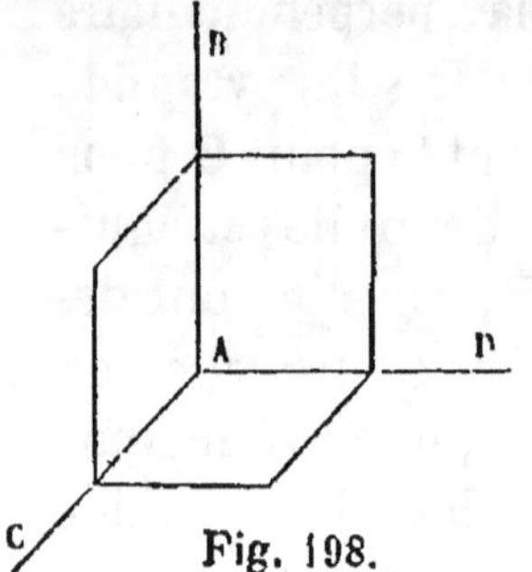

Fig. 198.

L'angle solide composé de trois faces se nomme un *angle trièdre*; ainsi, la figure 198 représente un angle trièdre composé des trois faces BAC, BAD, CAD.

306. — On nomme *pyramides triangulaires semblables*, les pyramides triangulaires dont les faces sont semblables deux à deux, et dont les angles polyèdres homologues sont égaux. Ainsi les deux pyramides SABC, S'A'B'C' (fig. 199) sont semblables, si on suppose les faces SAB, SAC, SBC et ABC de la première pyramide respectivement semblables aux faces S'A'B', S'A'C', S'B'C' et A'B'C' de la deuxième, et si, de plus,

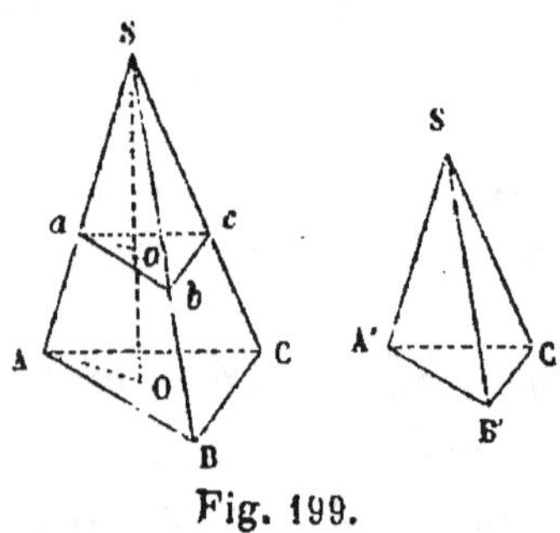

Fig. 199.

les angles polyèdres S, A, B, C de la première sont respectivement égaux aux angles polyèdres S', A', B', C' de la deuxième.

Si on imagine qu'on applique la pyramide S'A'B'C' sur la pyramide SABC, de manière que les angles polyèdres égaux S et S' coïncident, la base A'B'C', prendra une position *abc*. Les faces SAB, S'A'B, étant semblables, l'angle SAB = S'A'B', donc A'B' prend une position *ab* parallèle à AB. De même *bc* est parallèle à BC et *ac* à AC. On conçoit donc que la base *abc* est parallèle à ABC. Il en résulte que la perpendiculaire SO à ABC est en même temps perpendiculaire à *abc*.

De plus, si les arêtes de la première pyramide sont doubles, triples,... des arêtes de la deuxième, la hauteur SO de la première est aussi double, triple,... de la hauteur So de la deuxième ; car la droite *ao* est parallèle à AO, donc elle détermine un triangle S*ao* semblable à SAO.

307. — Nous nommerons *polyèdres semblables* des polyèdres composés d'un même nombre de pyramides triangulaires semblables deux à deux et semblablement placées. Ainsi les deux polyèdres (fig. 200) sont semblables, si on suppose les pyramides triangulaires GABE,

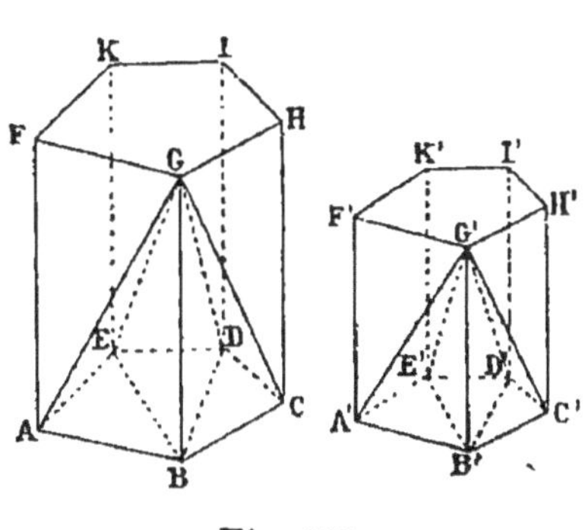

Fig. 200.

GBDE, GBCD,... du premier polyèdre respectivement semblables aux pyramides G′A′B′E′, G′B′D′E′, G′B′C′D′.... du deuxième.

De même que les pyramides triangulaires semblables, les polyèdres semblables ont les faces semblables deux à deux et les angles polyèdres homologues égaux.

<h3 style="text-align:center">THÉORÈME IX.</h3>

308. — *Les volumes de deux pyramides triangulaires semblables sont entre eux comme les cubes de deux arêtes homologues.*

En effet, si les arêtes de la première pyramide sont, par exemple, doubles des arêtes de la deuxième, la base de la première est quadruple de la base de la deuxième (n° 210), et la hauteur de la première est double de la hauteur de la deuxième (n° 306). Or, si la base seule de la première pyramide était quadruple de la base de la deuxième,

10

son volume serait 4 fois plus grand; si on double ensuite la hauteur, le volume devient encore 2 fois plus grand, donc il est 2 fois, 4 fois, ou 8 fois plus grand : 8 est le cube de 2.

De même, si les arêtes de la première pyramide sont, par exemple, 10 fois plus grandes que celles de la deuxième, la base de la première est 100 fois plus grande que celle de la deuxième (n° 210), et la hauteur de la première est 10 fois plus grande que celle de la deuxième (n° 306). Or, si la base seule de la première pyramide était 100 fois plus grande que celle de la deuxième, son volume serait 100 fois plus grand ; si on rend ensuite la hauteur 10 fois plus grande, le volume devient encore 10 fois plus grand; donc il est 10 fois 100 fois, ou 1000 fois plus grand. Comme 1000 est le cube de 10, le théorème est démontré.

THÉORÈME X.

309. — *Les volumes de deux polyèdres semblables sont entre eux comme les cubes de deux arêtes homologues.*

En effet deux polyèdres semblables sont composés d'un même nombre de pyramides triangulaires semblables deux à deux et semblablement placées (n° 306). Supposons que les arêtes du premier polyèdre soient 5 fois plus grandes que les arêtes du deuxième, les volumes des pyramides triangulaires qui composent le polyèdre sont respectivement 125 fois plus grands que les volumes des pyramides qui composent le deuxième ; donc le volume du premier polyèdre est 125 fois plus grand que le volume du deuxième.

QUESTIONNAIRE DES §§ 2 ET 3.

301. Démontrer que deux pyramides triangulaires qui ont des bases égales et des hauteurs égales sont équivalentes.

302. Démontrer qu'une pyramide triangulaire a pour mesure le tiers du produit de sa base par sa hauteur.

303. En conclure qu'une pyramide quelconque a la même mesure.

304. Comment peut-on évaluer le volume d'un polyèdre quelconque ?

305. Qu'est-ce qu'un angle solide, un angle trièdre ?

306-370. Que nomme-t-on pyramides triangulaires semblables, polyèdres semblables ?

308-309. Démontrer que les volumes de deux pyramides triangulaires semblables, et en général de deux polyèdres semblables, sont entre eux comme les cubes des arêtes homologues.

PROBLÈMES À RÉSOUDRE.

Quelques-uns de ces problèmes sont relatifs à l'*agriculture*.)

139. Une pile de bois a la forme d'un parallélipipède rectangle, ses trois dimensions valent 10^m, 2^m,40 et 8^m,50. Combien cette pile contient-elle de stères de bois, et quel en est le prix à 12 fr. le stère ?

140. Une pile de bois a la forme d'un cube; l'arête est égale à 12^m. Combien cette pile contient-elle de stères de bois et quel en est le prix à 10^r,50 le stère ?

141. Un chantier de bois a la forme d'un trapèze, les deux côtés parallèles valent 10^m et 12^m, et leur distance égale 11^m. On demande combien le marchand peut y déposer de bois au plus, sachant qu'il s'est engagé avec un propriétaire voisin à ne pas donner aux piles plus de 5^m de hauteur.

142. L'arête d'un cube est égale à 2^m,50. Quelle est la surface totale du cube?

143. Le volume d'un cube est égal à 262^{mc},145. Quelle est la longueur de son arête?

144. La surface totale d'un cube est égale à 73^{mq},50. Quelle est la longueur de son arête ?

145. Le volume d'un cube est égal à 3^{mc},375. Quelle est sa surface totale ?

146. La surface totale d'un cube est égale à 3^{mq},1104. Quel est son volume?

147. L'arête d'un cube est égale à 5^m. Quelle est l'arête d'un cube qui en serait le double?

148. L'arête d'un cube est égale à 6^m. Quelle est l'arête d'un cube 10 fois plus grand?

149. L'arête d'un cube est égale à 10^m. Quelle est l'arête du cube dont la surface totale serait triple de celle du premier?

150. Une pièce de bois de sapin a la forme d'un parallélipipède rectangle. Ses trois dimensions valent 0^m,15, 0^m,24 et 6^m. Quel est le volume de cette pièce et quel est le côté du cube équivalent?

151. Un bassin, qui a son fond horizontal, a la forme d'un parallélipipède rectangle. Les deux dimensions de la base valent 3^m,20 et 2^m,50. Combien contient-il de litres d'eau quand le niveau s'élève à 1^m,24 ?

152. Un bassin a la forme d'un parallélipipède rectangle à base carrée dont le côté égale 3^m,20. Il contient 1792 décalitres d'eau, quand il est plein. Quelle est sa profondeur?

153. Un bassin a la forme d'un parallélipipède rectangle à

base carrée. Il contient 45 décalitres d'eau, quand le niveau s'élève à 0^m,80. Quel est le côté de la base?

154. La base d'un prisme vaut 0^{mq},44 et sa hauteur égale 1^m. Un autre prisme, qui en est les trois quarts, a 1^m,50 de hauteur. Quelle est sa base?

155. Un tombereau a la forme d'un parallélipipède rectangle. Les deux dimensions de la base valent 1^m,50 et 0^m,84, et la profondeur égale 0^m,85. Quelle est sa capacité?

156. Un tombereau a la forme d'un parallélipipède rectangle. Les deux dimensions de la base valent 1^m,40 et 0^m,80, et la profondeur égale 0^m,75. On veut construire un autre tombereau d'une capacité double et dont les dimensions de la base soient 1^m,75 et 1^m. Quelle doit être sa profondeur?

157. *Application à l'agriculture.* — Combien faut-il de mètres cubes de fumier pour couvrir d'une couche moyenne de 6 milimètres d'épaisseur un champ rectangulaire dont la longueur égale 125^m et la largeur 84^m? Et quelle sera la dépense à 3^f,25 le mètre cube?

158. *Application à l'agriculture.* — Combien faut-il de quintaux de fumier pour couvrir d'une couche moyenne d'un centimètre d'épaisseur un champ triangulaire dont la base vaut 84^m et la hauteur 32^m? Et quelle sera la dépense à 3^f,50 le mètre cube? Le mètre cube de fumier pèse 750 kilogrammes.

159. *Application à l'agriculture.* — On veut amender une prairie rectangulaire de 65^m de long et de 58^m de large avec 150 hectolitres 8 décalitres de suie. Quelle sera l'épaisseur moyenne de la couche?

160. *Application à l'agriculture.* — On veut amender une prairie carrée de 50^m de côté, avec du noir animal, en la couvrant d'une couche moyenne de 2 millimètres d'épaisseur. Quelle sera la dépense à 12^f,50 l'hectolitre?

161. *Application à l'agriculture.* — Un champ de luzerne a la forme d'un trapèze; les deux bases valent 92^m et 74^m, et la hauteur vaut 25^m. On amende ce champ en le couvrant de plâtre à 3 fr. l'hectolitre. La dépense de plâtre s'élève à 622^f,50. Quelle est l'épaisseur moyenne de la couche?

162. *Application à l'agriculture.* — On a employé 78 hectolitres 4 décalitres d'écailles d'huître pulvérisées pour amender un champ rectangulaire de 56^m de long sur 28 de large. Combien en faudra-t-il pour couvrir d'une couche de même épaisseur moyenne un champ triangulaire de 136^m de base et de 83^m de hauteur? Et quelle est cette épaisseur moyenne?

163. *Application à l'agriculture.* — Une prairie rectangulaire de 250^m de long sur 150^m de large est baignée par des eaux stagnantes. On la dessèche en creusant au milieu un conduit pour l'écoulement des eaux, de 250^m de long sur 0^m,50 de profondeur. Quel est le volume de terre qu'on en retire et quelle est l'épais-

seur moyenne de la couche qu'on obtient en étendant cette terre sur le reste de la prairie?

164. *Application à l'agriculture.* — On veut opérer l'irrigation (*) d'une prairie avec un mélange d'eau et d'acide sulfurique. On demande combien il faut mêler d'acide à l'eau d'un réservoir cubique de 5^m de côté. Le réservoir est à moitié plein d'eau, et on admet qu'il faut un décilitre d'acide par barrique d'eau de 220 litres.

165. *Application à l'agriculture.* — On a mêlé, pour l'irrigation d'une prairie, 5 quintaux de guano (**) à l'eau d'un réservoir de 10^m de long sur 5^m de large, et dont le niveau s'élevait à 3^m. On demande combien il faudra mêler de guano à l'eau d'un réservoir cubique de 6^m de côté et dont le niveau s'élève à 4^m?

166. *Application à l'agriculture.* — On veut creuser dans une terre argileuse un silo (***) ayant la forme d'un parallélipipède rectangle de 18^m de long sur $0^m,50$ de large. On demande quelle doit être la profondeur du silo pour qu'il puisse contenir 30 barriques de pommes de terre. On admet que la barrique vaut 240 litres.

167. La base d'une pyramide égale $4^{mq},20$ et la hauteur égale $7^m,50$. Quel est son volume?

168. Le volume d'une pyramide vaut $0^{mc},576$, et sa hauteur égale $1^m,80$. Quelle est la surface de sa base?

169. Le volume d'une pyramide égale $0^{mc},448$, et sa base égale $0^{mq},56$. Quelle est sa hauteur?

170. Le volume d'une pyramide à base carrée vaut $1^{mc},500$ et sa hauteur égale 8^m. Quel est le côté de la base?

171. On a deux pyramides équivalentes. La base de la première égale 25^{mq}, et sa hauteur égale 7^m. La base de la deuxième égale $8^{mq},75$. Quelle est sa hauteur?

172. La hauteur d'une pyramide vaut $4^m,50$. La base est un carré de 2^m de côté. Quel est son volume et quel est le côté du cube équivalent?

173. On suppose qu'un silo plein de pommes de terre a la forme d'une pyramide renversée à base carrée; la hauteur égale $1^m,20$ et le côté de la base égale $5^m,10$. On demande combien il en contient d'hectolitres.

(*) L'irrigation est une sorte d'arrosement des terres. On ne l'opère pas à bras. Un des procédés les plus usités consiste à faire passer les eaux d'un réservoir par un grand nombre d'étroites rigoles creusées dans le sol.

(**) Le guano est un engrais qu'on trouve au Pérou et dans quelques petites îles désertes de la mer du Sud. On croit qu'il provient de l'accumulation des excréments d'un grand nombre d'oiseaux.

(***) Les silos sont des greniers souterrains à l'abri de la pluie.

174. La grande pyramide d'Egypte a une base carrée dont le côté $= 235^m$; sa hauteur vaut 147^m. On admet que cette pyramide est pleine, et on demande quelle est la longueur du mur qu'on pourrait construire avec la pierre dont elle est formée, en donnant au mur $0^m,50$ d'épaisseur et 4^m de hauteur?

175. Une rivière a $6^m,40$ de large. On tend d'une rive à l'autre une corde divisée en 8 parties égales par des nœuds équidistants. Au-dessous de chaque nœud on mesure la profondeur de la rivière au moyen d'une perche graduée; on trouve :

$0^m,45$	$1^m,87$	$1^m,29$
$0^m,93$	$2^m,14$	et $0^m,88$

Puis on place au milieu de l'eau un flotteur en liége qui est entraîné par le courant à $4^m,50$ en une minute. On demande la valeur approchée du volume d'eau que la rivière émet par minute.

176. Une rivière a $9^m,50$ de large. On tend d'une rive à l'autre une corde divisée en 10 parties égales par des nœuds également distants. Au-dessous de chaque nœud, on mesure la profondeur de la rivière ; on trouve :

$1^m,24$	$4^m,48$	$3^m,52$
$2^m,46$	$4^m,97$	$2^m,15$
$3^m,75$	$3^m,39$	et $1^m,08$

Puis on place sur l'eau un flotteur qui est entraîné par le courant à $8^m,50$ en une minute. On demande la valeur approchée de la dépense de la rivière par minute.

CHAPITRE V

Du cylindre, du cône et de la sphère.

§ 1. — DU CYLINDRE.

Mesure de sa surface et de son volume.

310. — Un *cylindre droit à base circulaire* est un solide qu'on peut supposer engendré par la révolution d'un rectangle ABCD (fig. 201), tournant autour d'un de ses côtés immobile AB, qu'on nomme l'*axe* ou la *hauteur*. On nomme *base* un des deux cercles décrits par les côtés AC, BD perpendiculaires à l'axe. Le côté CD, opposé à l'axe, décrit la *surface latérale* du cylindre.

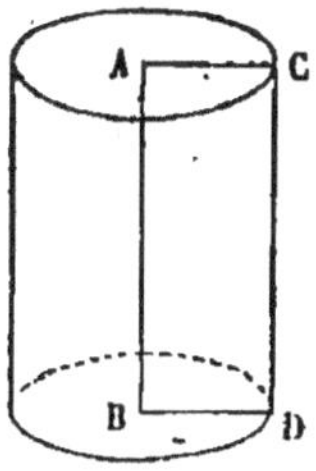

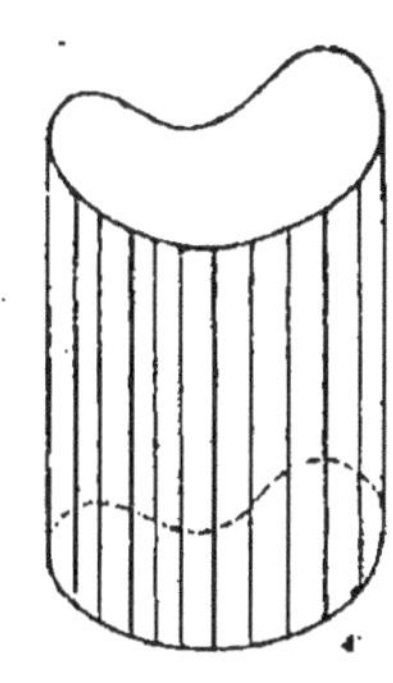

Fig. 201.

311. — En général, on nomme *surface cylindrique*, la surface décrite par une droite qui se meut parallèlement à une droite donnée, en s'appuyant constamment sur une courbe donnée. La droite mobile se nomme la *génératrice*, et la courbe donnée se nomme la *directrice*. Lorsque la directrice est une courbe plane, on la nomme la *base* du cylindre ; et le cylindre est droit quand les génératrices sont perpendiculaires au plan de la base. La figure 202 représente un cylindre droit.

Fig. 202.

312. — On nomme *surface développable* toute surface

qui peut être étendue sur un plan sans déchirure et sans pli.

La surface latérale d'un cylindre droit est évidemment développable. Si on imagine une feuille de papier enroulée sur le cylindre, si on la coupe suivant une de ses génératrices, et si on la déroule sur un plan (fig. 203),

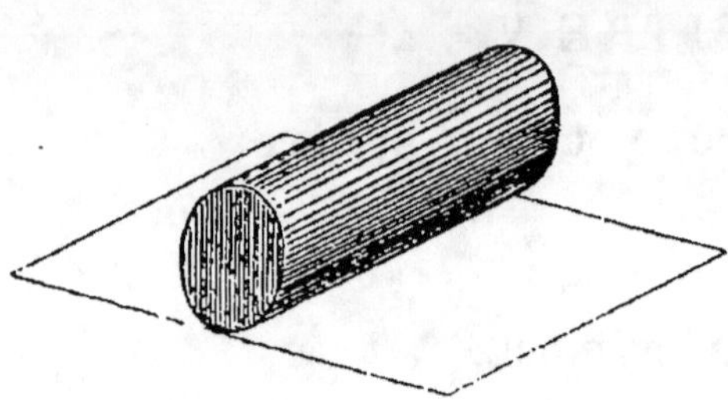

Fig. 203.

on obtient un rectangle de même hauteur que le cylindre, et qui a pour base le périmètre de la base du cylindre.

Une surface cylindrique quelconque est aussi développable.

THÉORÈME I.

313. — *La surface latérale d'un cylindre droit est égale au produit du périmètre de sa base par sa hauteur.*

En effet, la surface d'un cylindre droit peut être développée sur un plan. Le développement est un rectangle qui a pour hauteur celle du cylindre et pour base le périmètre de la base du cylindre ; mais le rectangle a pour mesure le produit de sa base par sa hauteur ; donc la surface latérale du cylindre a pour mesure le produit du périmètre de sa base par sa hauteur. C'est ce qu'il fallait démontrer.

Conséquence. *La surface latérale d'un cylindre droit à base circulaire est égale au produit de la circonférence de sa base par sa hauteur.* Si on désigne cette surface par S, le rayon de la base par R et la hauteur par H, on a $S = 2\pi RH$.

THÉORÈME II.

314. — *Le volume d'un cylindre droit* (fig. 202) *est égal au produit de sa base par sa hauteur.*

En effet, un cylindre droit peut être considéré comme un prisme droit dont la base est un polygone d'un très-grand nombre de côtés très-petits. Or, le volume d'un prisme droit quelconque est égal au produit de sa base par sa hauteur, donc le cylindre droit a la même mesure.

CONSÉQUENCE. — Le volume d'un cylindre droit à base circulaire est égal au produit du cercle qui lui sert de base par sa hauteur. Si on désigne ce volume par V, le rayon de la base par R et la hauteur par H, on a $V = \pi R^2 H$.

QUESTIONNAIRE.

310. Qu'est-ce qu'un cylindre droit à base circulaire? Que nomme-t-on axe ou hauteur, base, surface latérale?

311. Qu'est-ce qu'une surface cylindrique? Que nomme-t-on génératrice, directrice, base du cylindre, cylindre droit?

312. Qu'est-ce qu'une surface développable? La surface d'un cylindre peut-elle être développée? Quel est le développement de la surface latérale d'un cylindre droit?

313. Démontrer que la surface latérale d'un cylindre droit a pour mesure le produit du périmètre de sa base par sa hauteur.

314. Démontrer que le volume d'un cylindre droit est égal au produit de sa base par sa hauteur.

---

§ 2. — DU CÔNE.

Mesure de sa surface et de son volume.

315. — Un *cône droit à base circulaire* est un solide qu'on peut supposer engendré par la révolution d'un triangle rectangle AOS (fig. 204) tournant autour d'un côté immobile OS, qu'on nomme *l'axe* ou la *hauteur*. On nomme *base* le cercle décrit par le côté AO perpendiculaire à l'axe. L'hypoténuse AS, qu'on nomme aussi le *côté* du cône, en décrit la *surface latérale*.

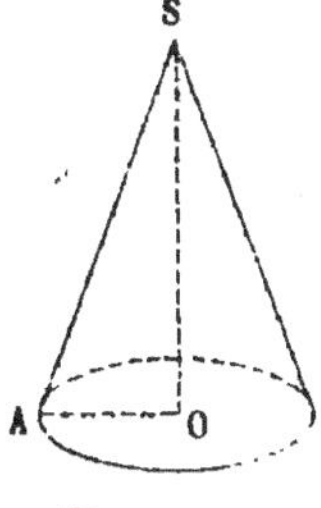

Fig. 204.

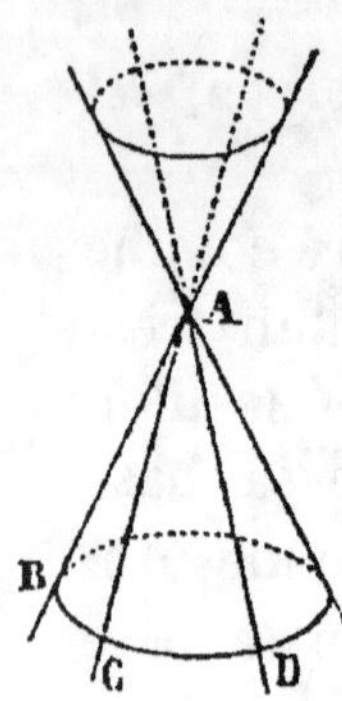

Fig. 205.

316. — En général, on nomme *surface conique* la surface décrite par une droite AB (fig. 205) qui se meut en passant constamment par un point donné A, et en s'appuyant sur une courbe donnée BCD. La droite mobile se nomme la *génératrice*, et la courbe donnée se nomme la *directrice*. Les deux surfaces situées de part et d'autre du point A se nomment les deux *nappes* d'un cône.

317. — La surface latérale d'un cône droit à base circulaire est développable : si on imagine une feuille de papier enroulée sur le cône,

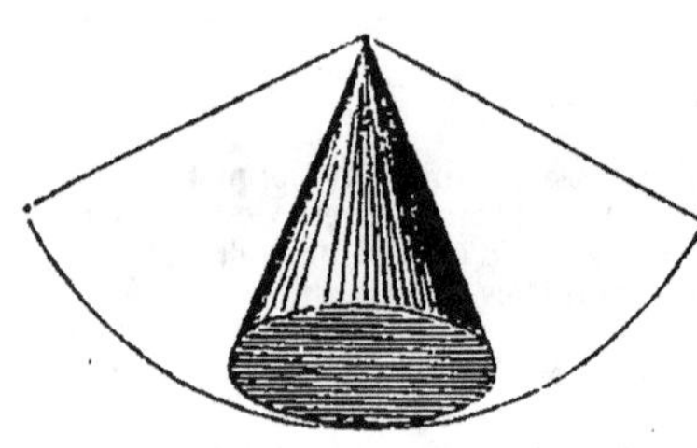

Fig. 206.

si on la coupe suivant une de ses génératrices, et si on la déroule sur un plan (fig. 206), on obtient un secteur circulaire qui a pour rayon le côté du cône et pour base la circonférence de la base du cône.

Une surface conique quelconque est aussi développable.

THÉORÈME III.

318. — *La surface latérale d'un cône droit à base circulaire a pour mesure la moitié du produit de la circonférence de sa base par son côté.*

En effet, la surface du cône peut être développée sur un plan. Le développement est un secteur circulaire qui a pour rayon le côté du cône et pour base la circonférence de la base du cône. Mais la surface du secteur a pour mesure la moitié du produit de l'arc qui lui sert de base par le rayon, donc la surface latérale du cône a pour mesure la moitié du produit de la circonférence de sa base par son côté.

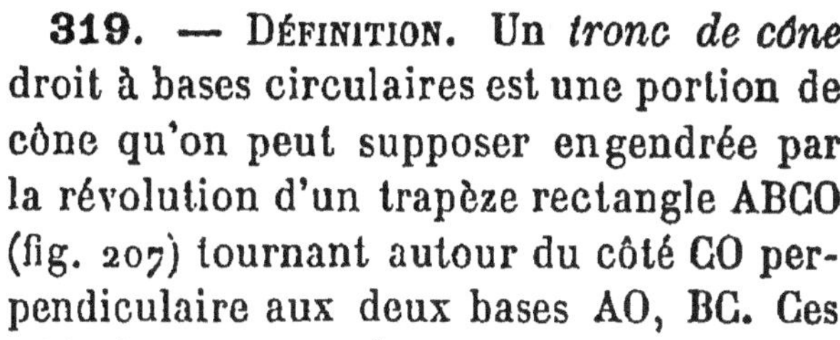

Fig. 207.

REMARQUE. — Si l'on désigne cette surface par S, le rayon de la base par R et le côté par a, on a
$$S = \pi R a.$$

319. — DÉFINITION. Un *tronc de cône* droit à bases circulaires est une portion de cône qu'on peut supposer engendrée par la révolution d'un trapèze rectangle ABCO (fig. 207) tournant autour du côté CO perpendiculaire aux deux bases AO, BC. Ces deux droites décrivent des cercles parallèles qu'on nomme les deux *bases* du tronc de cône.

THÉORÈME IV.

320. — *La surface latérale d'un tronc de cône droit à bases circulaires est égale au produit de la demi-somme des circonférences des deux bases par le côté AB (fig. 207).*

En effet, si l'on partage la circonférence AO en un très-grand nombre de parties, et si on joint les points de division au sommet S, on décompose la surface du tronc de cône en un très-grand nombre de petites surfaces courbes qu'on peut regarder comme des trapèzes. Or, chaque trapèze a pour mesure le produit de la demi-somme des deux arcs qui lui servent de base par sa hauteur qui est le côté AB du tronc ; donc la somme des trapèzes, c'est-à-dire la surface totale du tronc, égale le produit de la demi-somme des circonférences des deux bases par le côté AB.

REMARQUE. — Si on désigne cette surface par S, les rayons AO et BC par R et r et le côté AB par a,
on a
$$S = (\pi R + \pi r) \times a,$$
ou
$$S = \pi (R + r) \times a.$$

THÉORÈME V.

321. — *Le volume d'un cône droit à base circulaire a pour mesure le tiers du produit de sa base par sa hauteur.*

En effet, ce cône peut être considéré comme une pyramide dont la base est un polygone d'un très-grand nombre de côtés très-petits. Or, le volume d'une pyramide quelconque est égal au tiers du produit de sa base par sa hauteur, donc le cône a la même mesure.

REMARQUE. — Soient V ce volume, R le rayon de la base et H la hauteur, on a $V = \frac{1}{3}\pi R^2 H$.

QUESTIONNAIRE.

315. Qu'est-ce qu'un cône droit à base circulaire ? Que nomme-t-on axe, ou hauteur, base, côté, surface latérale ?

316. Qu'est-ce qu'une surface conique ? Que nomme-t-on génératrice, directrice, nappes ?

317. La surface d'un cône peut-elle être développée ? Quel est le développement de la surface latérale d'un cône droit à base circulaire ?

318. Démontrer que la surface latérale d'un cône droit à base circulaire a pour mesure la moitié du produit de la circonférence de sa base par son côté.

319. Qu'est-ce qu'un tronc de cône droit à bases circulaires ?

320. Démontrer que la surface latérale d'un tronc de cône droit à bases circulaires a pour mesure le produit de la demi-somme des circonférences des deux bases par le côté.

321. Démontrer que le volume d'un cône droit à base circulaire a pour mesure le tiers du produit de sa base par sa hauteur.

---

§ 3. — DE LA SPHÈRE.

Mesure de sa surface et de son volume.

322. — La *sphère* est un solide qu'on peut supposer engendré par la révolution d'un demi-cercle AMB (fig. 208), tournant autour de son diamètre immobile AB, de sorte qu'elle est terminée par une surface courbe dont tous les points sont également distants d'un point intérieur qu'on nomme *centre*. Toute ligne droite AO menée du centre O à un point de la surface est un *rayon*, et toute ligne droite AB qui passe par le centre O et qui aboutit de part et d'autre à la surface est un *diamètre*.

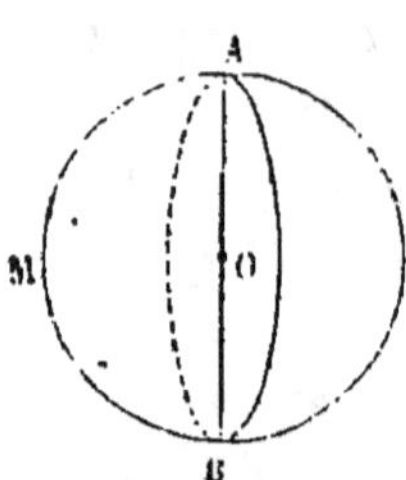

Fig. 208.

323. — Pour déterminer le diamètre d'une sphère donnée, on peut la placer entre deux petites planches parallèles dont l'une est assujettie à glisser, à frottement, sur une règle graduée, fixée perpendiculairement à l'autre (fig. 209). Quand la sphère touche les deux planches, la règle graduée fait connaître leur distance qui est égale au diamètre de la sphère.

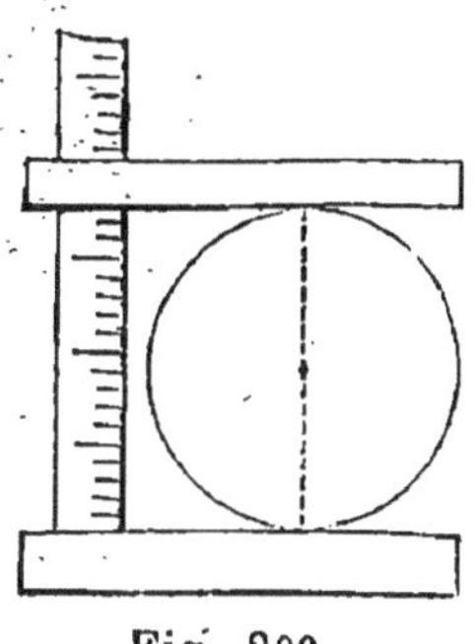

Fig. 209.

Dans la figure, la règle est divisée en millimètres ; le diamètre de la sphère vaut $17^{mm},5$.

On trouverait de la même manière la hauteur d'une pyramide ou d'un cône.

324. — La surface d'une sphère n'est pas développable, c'est-à-dire qu'il est impossible de l'étendre sur un plan.

THÉORÈME VI.

325. — *Toute section faite dans une sphère par un plan est un cercle.*

Supposons d'abord que la section, telle que ABC (fig. 210), passe par le centre. On a OA = OB = OC... comme rayons de la sphère, donc tous les points du contour de la section sont également distants du centre de la sphère, donc c'est un cercle.

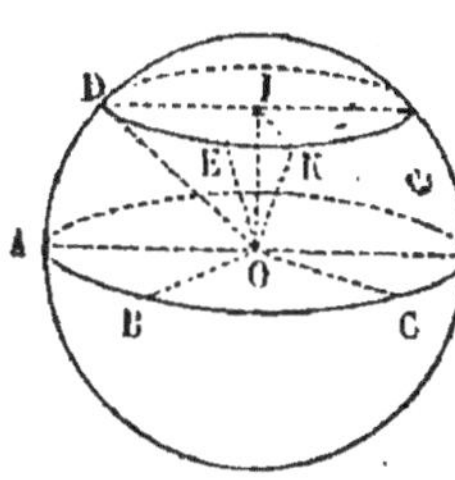

Fig. 210.

Supposons maintenant que la section, telle que DEK, ne passe pas par le centre. Abaissons du centre la perpendiculaire OI sur la section, et joignons OD, OE, OK,... ces obliques sont égales comme rayons de la sphère, donc leurs pieds doivent s'écarter également de celui de la perpendiculaire, et l'on a ID = IE = IK... donc tous les points de la section sont égale-

11

ment distants du pied I de la perpendiculaire, donc c'est un cercle.

326. — Toute section, telle que ABC, qui passe par le centre de la sphère, se nomme un *grand cercle*. Tous les grands cercles sont égaux, puisqu'ils ont pour rayon celui de la sphère.

Toute section, telle que DEK, qui ne passe pas par le centre, se nomme un *petit cercle*.

Ces cercles sont d'autant plus petits qu'ils sont plus éloignés du centre.

327. — Définition. On nomme *pôles* d'un cercle de la sphère les extrémités du diamètre perpendiculaire au plan de ce cercle.

THÉORÈME VII.

328. — *Un pôle P d'un cercle ABC de la sphère* (fig. 211) *est également distant de tous les points de la circonférence de ce cercle.*

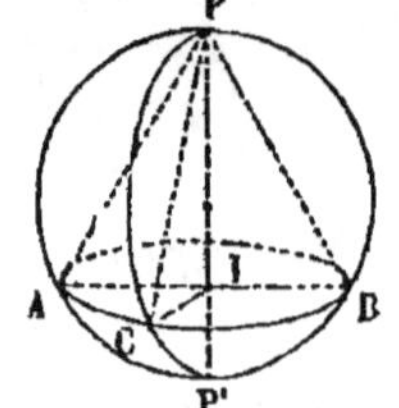

Fig. 211.

En effet, PA = PC = PB… comme obliques dont les pieds s'écartent également du pied I de la perpendiculaire PI.

De même P′A = P′B = P′C…

329. — Cette propriété des pôles permet de tracer des circonférences de cercle sur la surface d'une sphère aussi facilement que sur une surface plane. On fait alors usage d'un compas à branches recourbées nommé *compas sphérique* (fig. 212). Si l'on applique une pointe de ce compas en P′ (fig. 211) et l'autre en A, et si l'on fait tourner la deuxième pointe autour de la première en l'appliquant sur la sphère, on obtient évidemment la circonférence ACB.

Fig. 212.

330. — Pour décrire sur une sphère donnée un grand cercle DEK ayant un point donné P pour pôle (fig. 213), il faut donner au compas sphérique une ouverture telle que la distance DP des deux pointes sous-tend le quart

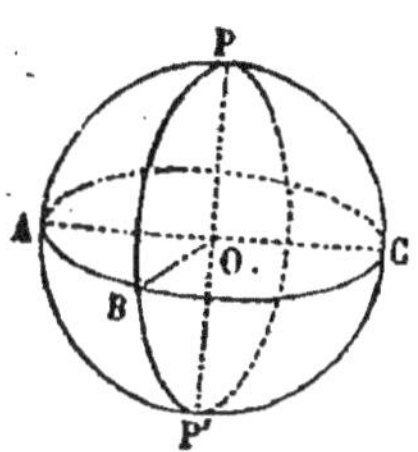

Fig. 213.

de la circonférence d'un grand cercle. On obtient cette distance en déterminant d'abord le rayon de la sphère (n° 323) ; on décrit sur un plan une circonférence de cercle avec ce rayon, et on inscrit dans cette circonférence le côté du carré.

331. — Définition. Une *zone* est la partie de la surface de la sphère comprise entre deux plans parallèles. On peut la supposer engendrée par la révolution d'un arc de cercle tournant autour d'un diamètre. Soit AC l'arc tournant autour du diamètre PQ (fig. 214), les perpendiculaires AB, CD, abaissées des extrémités de l'arc sur le diamètre PQ déterminent des cercles parallèles qu'on nomme les *bases* de la zone. La distance BD des deux bases se nomme la *hauteur* de la zone.

L'arc MP décrit aussi une zone ; mais elle n'a qu'une base, c'est le cercle qui a MI pour rayon.

THÉORÈME VIII.

332. — *La surface décrite par un très-petit arc de cercle AC tournant autour d'un diamètre PQ est égale au produit de la circonférence (fig. 214) du cercle par la projection BD de l'arc sur le diamètre PQ.*

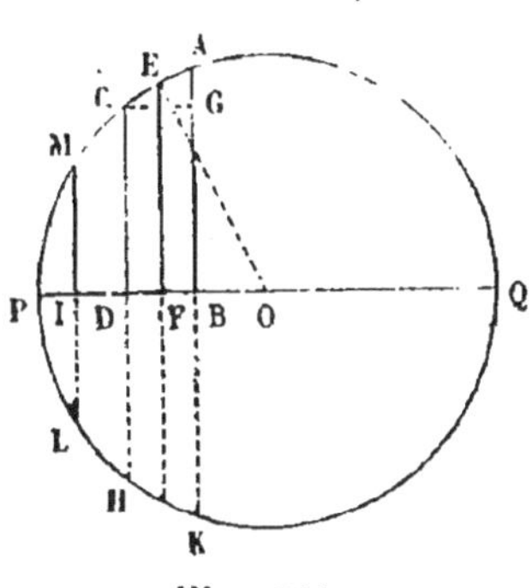

Fig. 214.

En effet, l'arc AC, étant très-petit, peut être considéré comme une ligne droite. En tournant autour de PQ il décrit donc la surface latérale d'un tronc de cône qui a pour mesure le produit de la demi-somme des circonférences des deux bases par le côté ou $(\pi AB + CD) \times AC$ (n° 332). Menons EF perpendiculaire à PQ du milieu E de l'arc AC, et CG perpendiculaire à AB.

On a $$EF = \tfrac{1}{2}AG + CD\,;$$

donc $2EF = AG + 2CD = AG + BG + CD = AB + CD.$

Donc $2\pi EF = \pi(AB + CD)$ et la surface latérale du tronc de cône qui a pour mesure $\pi(AB + CD) \times AC$ égale aussi $2\pi EF \times AC$, ou le produit de la circonférence menée à égale distance des deux bases par le côté AC.

Joignons encore OE qui sera perpendiculaire à AC. Les triangles OEF, ACG, sont semblables comme ayant les angles égaux deux à deux, car ils sont rectangles en F et en G, et ils ont l'angle OEF = l'angle ACG, comme compléments du même angle CEF; donc leurs côtés sont proportionnels, et l'on a $\dfrac{OE}{AC} = \dfrac{EF}{CG}$; en remplaçant CG par son égal BD,

on a $\dfrac{OE}{AC} = \dfrac{EF}{BD}$; d'où en égalant le produit des extrêmes au produit des moyens : $OE \times BD = EF \times AC$ et la surface latérale du tronc de cône qui a pour mesure $2\pi EF \times AC$ égale aussi $2\pi OE \times BD$; c'est ce qu'il fallait démontrer.

THÉORÈME IX.

333. — *La surface d'une sphère a pour mesure le produit de la circonférence d'un grand cercle par son diamètre.*

Supposons la sphère engendrée par la révolution du demi-cercle PAQ autour du diamètre PQ (fig. 214). On peut diviser la demi-circonférence en un très-grand nombre d'arcs très-petits. La surface décrite par chaque petit arc, tel que AC, a pour mesure le produit de la circonférence d'un grand cercle par la projection de l'arc sur le diamètre PQ (n° 332) ; donc la somme des surfaces décrites par tous les arcs ou la surface totale de la sphère a pour mesure le produit de la circonférence d'un grand cercle par la somme des projections des arcs sur le diamètre, c'est-à-dire par le diamètre lui-même.

334. — 1re REMARQUE. On démontrerait de la même manière que la surface d'une zone quelconque a pour mesure le produit de la circonférence d'un grand cercle de la sphère par sa hauteur.

335. — 2e REMARQUE. Soient R le rayon de la sphère et S sa surface, on a $S = 2\pi R \times 2R = 4\pi R^2$, c'est-à-dire que la surface d'une sphère est égale à 4 fois la surface d'un grand cercle.

336. — Connaissant la surface d'une sphère, on peut calculer le rayon. On divise la surface de la sphère par 4 fois 3,14... cela donne pour quotient le carré du rayon ; on extrait la racine carrée du quotient, on a le rayon.

THÉORÈME X.

337. — *Les surfaces des sphères sont entre elles comme les carrés de leurs rayons.*

En effet, les surfaces des sphères qui ont pour rayon $1^m, 2^m, 3^m, 4^m,...$ ont pour mesure $4\pi \times 1, 4\pi \times 4, 4\pi \times 9, 4\pi \times 16,...$ donc elles sont entre elles comme les nombres 1,4,9,16,... c'est-à-dire comme les carrés de leurs rayons.

THÉORÈME XI.

338. — *Le volume d'une sphère est égal au produit de sa surface par le tiers de son rayon.*

En effet, on peut décomposer la surface d'une sphère en un très-grand nombre de petites surfaces sensiblement planes, et on peut considérer son volume comme composé d'un très-grand nombre de petites pyramides ayant pour bases ces faces, pour sommet commun le centre de la sphère et pour hauteur le rayon. Or le volume de chaque pyramide est égal au produit de sa base par le tiers de sa hauteur, donc la somme des volumes des pyramides ou le volume de la sphère a pour mesure le produit de la somme des bases, c'est-à-dire de la surface, par le tiers du rayon.

REMARQUE. Soient V ce volume et R le rayon,

on a $$V = 4\pi R^2 \times \tfrac{1}{3} R = \tfrac{4}{3}\pi R^3.$$

339. — Connaissant le volume d'une sphère, on peut calculer le rayon : on divise le volume de la sphère par 4 fois le tiers de 3,14... cela donne pour quotient le cube du rayon ; on extrait la racine cubique du quotient, on a le rayon.

340. — Connaissant la surface d'une sphère, on peut calculer le volume de cette sphère en cherchant d'abord la valeur du rayon (n° 336). Et réciproquement, connaissant le volume d'une sphère, on peut calculer la surface de cette sphère, en cherchant d'abord la valeur du rayon (n° 339).

THÉORÈME XII.

341. — *Les volumes des sphères sont entre eux comme les cubes de leurs rayons.*

En effet, les volumes des sphères qui ont pour rayon 1^m, 2^m, 3^m, 4^m,... ont pour mesure $\tfrac{4}{3}\pi \times 1$, $\tfrac{4}{3}\pi \times 8$, $\tfrac{4}{3}\pi \times 27$, $\tfrac{4}{3}\pi \times 64$... donc ils sont entre eux comme les nombres 1, 8, 27, 64,... c'est-à-dire comme les cubes de leurs rayons.

QUESTIONNAIRE.

322. Qu'est-ce qu'une sphère? Que nomme-t-on centre, rayon, diamètre?

323. Comment peut-on déterminer le diamètre d'une sphère donnée?

324. La surface d'une sphère peut-elle être développée?

325. Démontrer que toute section faite dans une sphère par un plan est un cercle.

326. Qu'est-ce qu'un grand cercle, un petit cercle? Tous les grands cercles sont-ils égaux?

327. Que nomme-t-on pôles d'un cercle de la sphère?

328. Démontrer qu'un pôle d'un cercle de la sphère est également éloigné de tous les points de la circonférence de ce cercle.

329. Qu'est-ce que le compas sphérique? Comment s'en sert-on pour tracer une circonférence sur la surface d'une sphère?

330. Comment peut-on tracer une circonférence d'un grand cercle sur la surface d'une sphère?

331. Qu'est-ce qu'une zone? Que nomme-t-on bases, hauteur?

332-333. Démontrer le théorème 8. En conclure que la surface d'une zone quelconque a pour mesure le produit de la circonférence d'un grand cercle de la sphère par sa hauteur.

334-335. Démontrer que la surface d'une sphère a pour mesure le produit de la circonférence d'un grand cercle par son diamètre, c'est-à-dire qu'elle est égale à quatre fois la surface d'un grand cercle.

336. Comment peut-on calculer le rayou

d'une sphère dont on connaît la surface ?

337. Démontrer que les surfaces de deux sphères sont entre elles comme les carrés de leurs rayons.

338. Démontrer que le volume d'une sphère a pour mesure le produit de sa surface par le tiers de son rayon.

339. Comment peut-on calculer le rayon d'une sphère dont on connaît le volume ?

340. Comment peut-on calculer le volume d'une sphère dont on connaît la surface, et réciproquement ?

341. Démontrer que les volumes de deux sphères sont entre eux comme les cubes de leurs rayons.

PROBLÈMES A RÉSOUDRE.

177. Une colonne cylindrique a $3^m,60$ de hauteur et le diamètre de la base $= 0^m,75$. Quelle est la surface de cette colonne ?

178. Un rouleau cylindrique de bois a $0^m,40$ de diamètre et 3^m de hauteur. Quel est son volume et quel est le côté du cube équivalent ?

179. La surface latérale d'un cylindre vaut $1^{mq},80$ et la circonférence de sa base égale $0^m,75$. Quelle est sa hauteur ?

180. La surface latérale d'un cylindre vaut 2 mètres carrés et sa hauteur égale $2^m,50$. Quelle est la longueur de la circonférence de sa base ?

181. Un bassin cylindrique a un fond circulaire horizontal de 8^m de diamètre. Combien contient-il de décalitres d'eau, quand le niveau s'élève à $1^m,25$?

182. Un bassin cylindrique, dont la base vaut 5 mètres carrés, contient 75 hectolitres d'eau quand il est plein. Quelle est sa profondeur ?

183. La base d'un bassin cylindrique vaut 10 mètres carrés et la hauteur égale 1 mètre. Un autre bassin cylindrique, dont la capacité en est la moitié, a $0^m,80$ de profondeur. Quelle est la surface de sa base ?

184. Un silo cylindrique plein de pommes de terre a 8^m de diamètre et 1^m de hauteur. Combien contient-il d'hectolitres ?

185. *Application à l'agriculture.* — On veut opérer l'irrigation d'une prairie avec de l'eau mélangée d'un peu d'acide sulfurique. Combien faut-il mêler d'acide à l'eau d'un réservoir cylindrique de 6^m de diamètre et de 3^m de hauteur ? Le réservoir est plein d'eau aux deux tiers et on admet qu'il faut 1 décilitre d'acide par barrique d'eau de 225 litres.

186. *Application à l'agriculture.* — On veut creuser un silo cylindrique de 5^m de diamètre et qui puisse contenir 40 barriques de pommes de terre. En admettant que la barrique vaut 225 litres, quelle doit être la profondeur du silo ?

187. L'hectolitre est un cylindre dont la hauteur est égale au diamètre de la base. Quelle est cette hauteur ?

188. Un puits cylindrique a 8 mètres de profondeur. L'ouverture a 2 mètres de diamètre, et l'épaisseur du mur a $0^m,50$. Quel est le volume de maçonnerie qui entre dans la construction de ce mur?

189. Le rayon de la base d'un cône vaut $0^m,50$, et son côté égale 1^m. Que vaut sa surface latérale?

190. Le rayon de la base d'un cône vaut $1^m,40$, et sa hauteur égale $2^m,25$. Que vaut sa surface latérale?

191. Les rayons des bases d'un tronc de cône valent $0^m,46$ et $0^m,64$, et son côté égale 5^m. Quelle est la mesure de sa surface latérale?

192. Les rayons des bases d'un tronc de cône valent $0^m,15$ et $0^m,25$, et sa hauteur égale $0^m,24$. Que vaut sa surface latérale?

193. Le diamètre de la base d'un cône vaut 1 mètre, et sa hauteur égale aussi 1 mètre. Quelle est la mesure de son volume, et quel est le côté du cube équivalent?

194. Le rayon de la base d'un cône vaut $3^m,60$ et son côté égale $8^m,50$. Quelle est la mesure de son volume?

195. La surface latérale d'un cône vaut $3^m,75$, et son côté égale 3^m. Quelle est la longueur de la circonférence de sa base?

196. Le volume d'un cône vaut 2 mètres cubes et sa base égale $1^{mq},50$. Quelle est sa hauteur?

197. Un cône a 2 mètres carrés de base et 3 mètres de hauteur. Un utre cône, qui en est les trois quarts, a $2^m,50$ de hauteur. Quelle est la surface de sa base?

198. On suppose qu'un silo, plein de pommes de terre, a la forme d'un cône renversé. Le rayon de la base vaut 4^m et la hauteur 2^m. Combien en contient-il d'hectolitres?

199. On suppose une colonne formée d'un cylindre surmonté d'un cône. Le cylindre a $0^m,80$ de diamètre et 5^m de hauteur; le cône a le même diamètre que le cylindre, et $1^m,50$ de hauteur. Quel est le volume de cette colonne?

200. On a une sphère d'un mètre de diamètre. On la coupe par un plan mené à $0^m,30$ du centre. Quelle est la surface de la section?

201. On a une sphère d'un mètre de rayon; on la coupe par un plan. La section vaut 2 mètres carrés. Quelle est la distance de la section au centre?

202. Quelle est la surface d'une sphère dont le rayon vaut 1^m?

203. Quel est le rayon d'une sphère dont la surface vaut 1 mètre carré?

204. Quel est le volume d'une sphère d'un mètre de rayon?

205. Quel est le volume d'un boulet qui a $0^m,40$ de diamètre?

206. Quel est le rayon d'une sphère dont le volume vaut 1 mètre cube?

207. Quelle est la surface d'une zone de $1^m,50$ de hauteur sur une sphère de 10^m de diamètre?

208. On suppose une colonne formée d'un cylindre surmonté d'un hémisphère. Le cylindre a 1^m de diamètre et 8^m de hauteur; et la sphère a le même diamètre que le cylindre. Quel est le volume de cette colonne?

209. Une niche est formée d'un demi-cylindre creux terminé par un quart de sphère. Le cylindre a 1 mètre de diamètre intérieur et 2 mètres de hauteur. Quelle est la capacité de cette niche?

210. Le volume d'une sphère vaut 12 mètres cubes. Que vaut sa surface?

211. La surface d'une sphère vaut 6 mètres carrés. Que vaut son volume?

212. Un aérostat sphérique a 4 mètres de diamètre. Il est formé d'un taffetas verni qui pèse 250 grammes le mètre carré. On demande quel est le poids de l'enveloppe et quel est le volume de gaz nécessaire pour remplir le ballon?

213. Un aérostat sphérique a 10 mètres de diamètre. Il est formé d'un taffetas verni qui pèse 300 grammes le mètre carré. Quel est le poids de l'enveloppe et quel est le volume de gaz nécessaire pour remplir le ballon?

214. Le rayon intérieur d'un vase cylindrique contenant de l'eau vaut 5 centimètres. Combien faut-il y plonger de sphères de plomb, d'un millimètre de rayon, pour que le niveau de l'eau s'élève d'un centimètre?

215. Calculer en lieues de 4 kilomètres le rayon de la terre supposée sphérique, c'est-à-dire supposée engendrée par la révolution d'une demi-circonférence de 20 millions de mètres tournant autour de son diamètre.

216. Trouver le rapport du volume du soleil à celui de la terre, sachant que le rayon du soleil égale 112 fois celui de la terre.

217. Evaluer en décimales le rapport de la surface de la lune à celle de la terre, sachant que le rayon de la lune est égal aux $3/_{11}$ de celui de la terre.

CHAPITRE VI.

Applications à la perspective.

----

§ 1. — NOTIONS PRÉLIMINAIRES.

342. — La *perspective* a pour objet la représentation sur une surface plane de la forme apparente des corps.

343. — Soient A (fig. 215) un point quelconque d'un objet, MN le plan horizontal sur lequel repose l'objet, O l'œil de l'observateur et RS un plan vertical, supposé transparent, placé entre l'œil et l'objet ; si on imagine un rayon visuel mené du centre de la pupille au point A, l'intersection a de ce rayon et du plan RS se nomme la projection en perspective, ou simplement la perspective du point A. Ainsi la *perspective d'un point* est l'intersection du rayon visuel mené à ce point et d'un plan vertical.

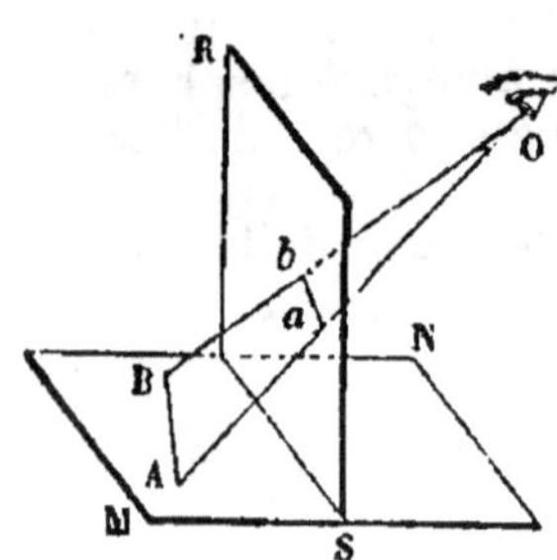

Fig. 215.

On nomme *perspective d'une ligne* l'ensemble des perspectives de tous les points de la ligne.

344. — La perspective d'une ligne droite AB (fig. 215) est une ligne droite. En effet, toutes les droites menées du point O à la droite AB sont dans un même plan dont l'intersection avec le plan RS est une ligne droite.

345. — Il suit de là que pour obtenir la perspective d'une droite, il suffit de mettre en perspective deux points

A et B de la droite et de joindre les perspectives *a* et *b* de ces points par une ligne droite. Il y a exception quand la droite est sur le prolongement du rayon visuel mené à un de ses points; sa perspective se réduit alors à un point.

346. — On nomme perspective d'un corps l'ensemble des perspectives de son contour apparent et de ses arêtes. On imagine une surface conique ayant pour sommet le centre de la pupille et dont toutes les génératrices soient tangentes à la surface du corps; l'intersection de cette surface conique et du plan RS forme la perspective de son contour apparent; on y joint les perspectives des principales arêtes droites ou courbes du corps.

Comme on rapporte toujours les objets dans la direction des rayons lumineux qui arrivent à l'œil, l'organe est affecté par les rayons de lumière venant de la perspective d'un corps exactement de la même manière que s'ils partaient du corps lui-même.

347. — Un tableau doit être une perspective des objets représentés avec leurs couleurs naturelles. Il est donc essentiel que les peintres connaissent les règles de la perspective, puisqu'ils doivent tracer d'après ces règles au moins les principales lignes de leurs tableaux. Nous allons les exposer, après avoir donné quelques définitions.

348. — On nomme *plan géométral*, le plan horizontal sur lequel repose l'objet qu'on veut représenter, et *plan du tableau*, ou simplement *tableau*, le plan vertical sur lequel on met l'objet en perspective.

On nomme *ligne de terre* ou *fondamentale*, l'intersection du tableau et du plan géométral, et *ligne horizontale*, la parallèle à la ligne de terre tracée sur le tableau à la hauteur de l'œil.

On nomme *point de vue* ou *point principal*, le pied de la perpendiculaire abaissée du centre de la pupille sur le tableau; il est évidemment situé sur la ligne horizontale.

349. — REMARQUE. On reconnaît aisément que les droites parallèles à la ligne de terre ont leurs perspectives parallèles à cette ligne, et que les droites verticales ont leurs perspectives perpendiculaires à cette ligne.

THÉORÈME I.

350. — *Quand une droite AB (fig. 216) est perpendiculaire au tableau, sa perspective passe par le point de vue P.*

En effet, le point B se confond avec sa perspective et

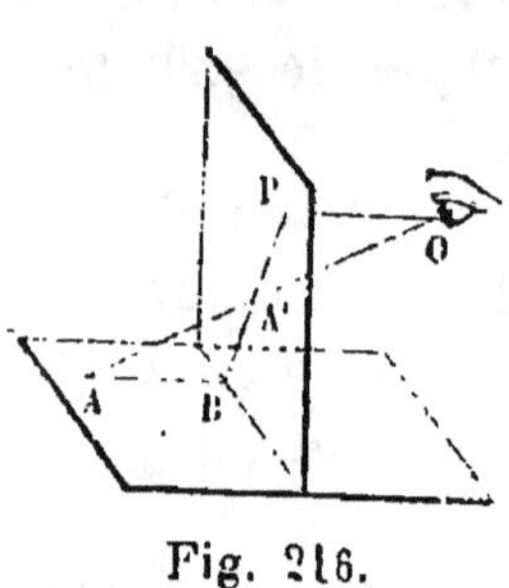

Fig. 216.

le point A a pour perspective un point A' de BP ; car les deux droites AB, OP, étant toutes deux perpendiculaires au tableau, sont parallèles, donc elles sont dans un même plan, et les droites AO, BP, situées dans ce plan, se coupent. Donc la perspective de AB est BA'P ; c'est ce qu'il fallait démontrer.

351. — REMARQUE. Soient AB (fig. 217) une droite quelconque de l'espace rencontrant le tableau et OF une parallèle à AB menée par l'œil, on verrait comme précédemment que la droite AB a pour perspective BF. Supposons CD parallèle à AB, la droite OF parallèle à AB est aussi parallèle à CD, donc la perspective de CD passe

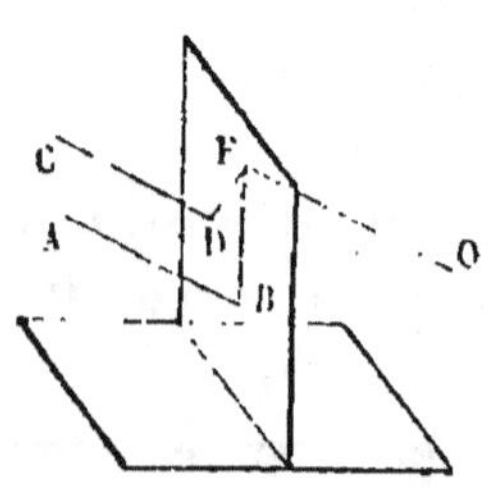

Fig. 217.

aussi par le point F. Donc *les perspectives des droites parallèles entre elles, mais non parallèles au tableau, se rencontrent*, et leur point de concours est au point d'intersection du tableau et de la parallèle aux droites données, menée par l'œil. Ce point se nomme *point de fuite.*

352. — DÉFINITION. Si on p rend sur une ligne horizontale, de part ou d'autre du point de vue, une distance

$PQ = PO$ (fig. 218), on obtient un point Q, qu'on nomme *point de distance*.

THÉORÈME II.

353. — *Quand une horizontale AC* (fig. 218) *fait un angle de 45° avec la ligne de terre ou avec une parallèle à cette ligne, sa perspective passe par le point de distance.*

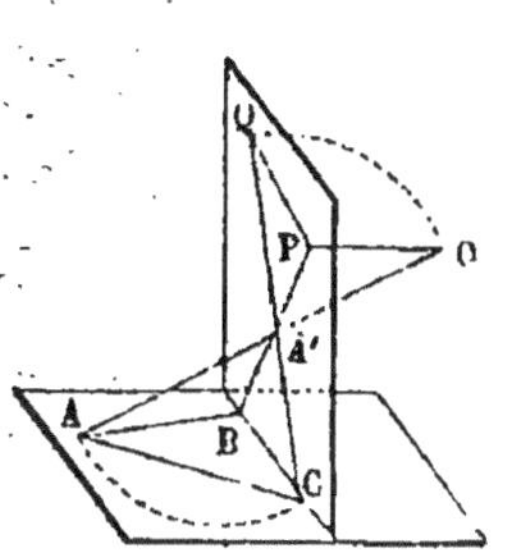

Fig. 218.

Le point C se confond avec sa perspective. Menons AB perpendiculaire à la ligne de terre, on a $AB = BC$, parce que l'angle $ACB = 45°$ par hypothèse ; joignons BP et CQ. La perspective de A est A′, point d'intersection de AO et de BP (n° 350). Donc la perspective de AC est CA′ qui rencontre la ligne horizontale en un point Q, je dis que $PQ = PO$. En effet, les triangles ABA′, OPA′, sont semblables comme équiangles, et l'on a $\dfrac{PO}{BA} = \dfrac{PA}{BA'}$. Les triangles BCA′, PQA′ aussi sont semblables comme équiangles, et l'on a $\dfrac{PQ}{BC} = \dfrac{PA}{BA'}$. Deux rapports égaux à un troisième sont égaux entre eux, donc $\dfrac{PO}{BA} = \dfrac{PQ}{BC}$; mais les diviseurs BC, BA, sont égaux entre eux, donc les dividendes le sont aussi, et l'on a $PQ = PO$; c'est ce qu'il fallait démontrer.

354. — Pour appliquer les principes de la perspective, on suppose qu'on rabatte le plan géométral (fig. 218) sur le tableau en le faisant tourner autour de la ligne de terre dans un sens inverse à celui des aiguilles d'une montre.

QUESTIONNAIRE.

342. Qu'est-ce que la perspective ?

343. Qu'est-ce que la perspective d'un point d'une ligne?

344. Démontrer que la perspective d'une ligne droite est une ligne droite.

345. En conclure le moyen de mettre une droite en perspective.

346. Qu'est-ce que la perspective d'un corps?

347. Que doit être un tableau ?

3i8. Que nomme-t-on plan géométral, plan du tableau, ligne de terre, ligne horizontale, point de vue ?

349. Quelle est la direction de la perspective d'une droite parallèle à la ligne de terre, d'une droite verticale ?

350. Démontrer que la perspective d'une droite perpendiculaire au tableau passe par le point de vue.

351. Démontrer que les perspectives des droites parallèles entre elles, mais non parallèles au tableau, se rencontrent.

352. Que nomme-t-on point de distance?

3.3. Démontrer que quand une horizontale fait un angle de 45° avec la ligne de terre ou avec une parallèle à cette ligne, sa perspective passe par le point de distance.

354 Comment suppose-t-on placé le plan géométral pour appliquer les règles de la perspective ?

---

§ 2. — MANIÈRE DE METTRE EN PERSPECTIVE UN POINT DE L'ESPACE.

PROBLÈME I.

355. — *Trouver la perspective d'un point A du plan géométral (fig. 219), connaissant le point de vue P et celui de distance Q.*

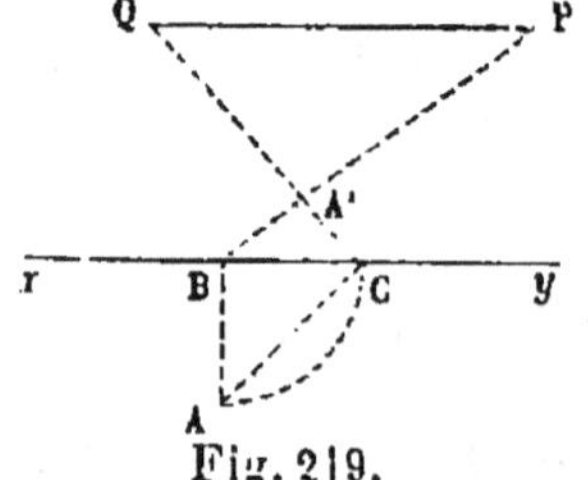

Fig. 219.

Soit xy la ligne de terre, la portion de plan au-dessus représente le tableau et celle qui est au-dessous représente le plan géométral rabattu sur le tableau. L'œil qui se projette en P est provisoirement derrière le tableau supposé transparent. Du point A on abaisse AB perpendiculaire sur xy, on prend BC = AB et on joint BP, CQ. La perspective du point A est en A', point d'intersection de ces deux droites. En effet, le plan géométral étant supposé relevé, la droite AB est perpendiculaire au tableau, donc sa perspective est la droite BP qui passe par le point de vue P (n° 35o) ; d'ailleurs l'horizontale AC fait un angle de 45° avec la ligne de terre, donc sa perspective est la droite

CQ qui passe par le point de distance Q (n° 353) ; mais le point A est à la fois sur AB et sur AC ; donc sa perspective doit être à la fois sur BP et sur CQ, c'est-à-dire à leur point d'intersection A'.

356.—Pour avoir la perspective d'une droite quelconque tracée sur le plan géométral, il suffit de trouver les perspectives de deux de ses points et de joindre ces perspectives par une droite.

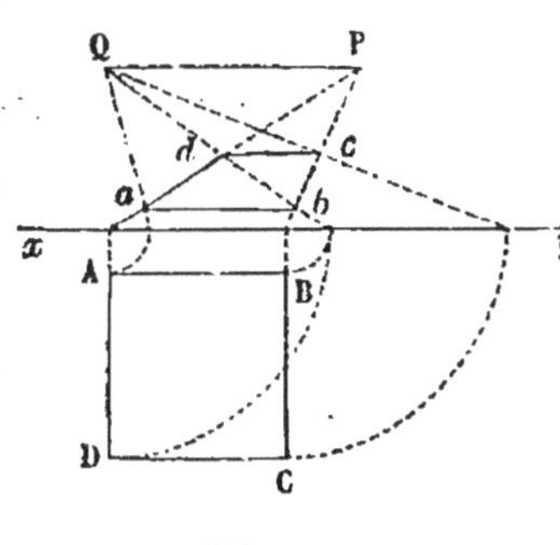

Fig. 220.

De même, pour mettre en perspective un polygone quelconque tracé sur le plan géométral, il suffit de trouver les perspectives de ses sommets et de joindre ces perspectives deux à deux. Ainsi *abcd* (fig. 220) représente la perspective d'un carré ABCD, dont deux côtés AB, CD sont parallèles à la ligne de terre xy Les perspectives ab, cd, de ces côtés sont aussi parallèles à xy.

357. — Proposons-nous encore de mettre en perspective un plancher rectangulaire recouvert de dalles carrées. Soit ABCD (fig. 221) ce plancher dont nous supposerons deux côtés parallèles à xy. Les perspectives des perpendiculaires à xy passent par le point de vue P ; de plus, la diagonale DI des carrés fait un angle de 45°

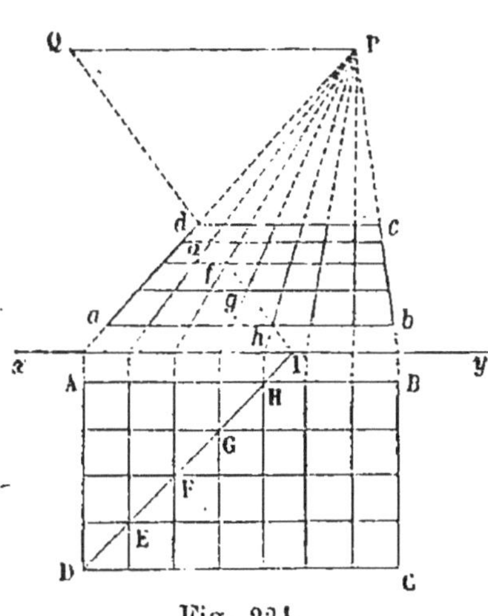

Fig. 221.

avec xy, donc sa perspective est la droite IQ passant par

le point de distance Q. Donc les points d'intersection D, E, F, G, H, des perpendiculaires à xy et de AI ont pour perspectives les points d'intersection d, e, f, g, h; et comme les droites parallèles à la ligne de terre ont leurs perspectives parallèles à cette ligne, si on mène par par les points d, e, f, g, h des parallèles à xy, on obtiendra la perspective $abcd$ demandée.

358. — Pour mettre en perspective une ligne courbe tracée sur le plan géométral, on choisit sur la courbe des points suffisamment rapprochés, on en détermine les perspectives et on joint ces perspectives par un trait continu. Ainsi, pour avoir la perspective d'un cercle (fig. 222),

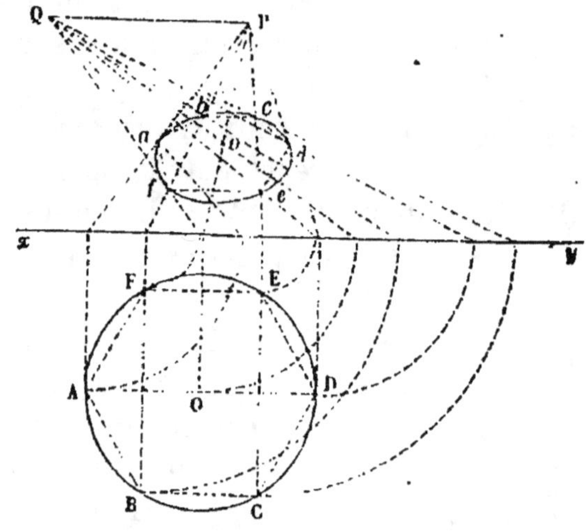

Fig. 222.

on peut partager la circonférence en parties égales, en six par exemple, en inscrivant dans le cercle un hexagone régulier, dont deux côtés soient parallèles à xy. On cherche les perspectives a, b, c, d, e, f, des points de division A, B, C, D, E, F, et on joint ces points par un trait continu, on obtient la perspective cherchée. On reconnaît que c'est une ellipse.

Si on joint deux à deux les perspectives a, b, c, d, e, f, on a la perspective de l'hexagone ; comme BC et FE sont parallèles à xy, il en est de même de leurs perspectives bc et fe. Le point o est la perspective du centre O.

PROBLÈME II.

359. — *Trouver la perspective d'un point* A *de l'espace, connaissant la hauteur* AB *de ce point au-dessus du plan géométral.*

Soit B′ (fig. 223) la perspective de B déterminée comme

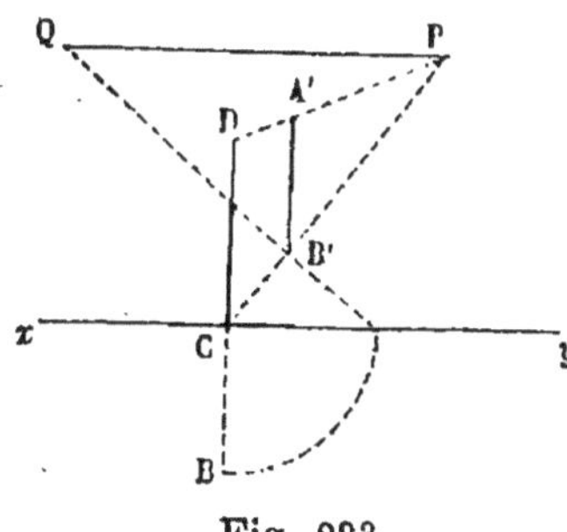

Fig. 223.

précédemment (n° 335). On mène BCD perpendiculaire à xy, et on prend CD égale à la hauteur donnée AB. On joint DP et on mène B′A′ parallèle à CD jusqu'à la rencontre de DP. Le point A′ d'intersection est la perspective du point A. En effet, si on suppose qu'on joigne AD, la figure ABCD de l'espace est un rectangle dont le côté AD est perpendiculaire au tableau. Donc la perspective de ce côté est la droite DP qui passe par le point de vue P ; mais la perspective d'une droite verticale est verticale, donc la perspective de AB est A′B′ perpendiculaire à xy ; donc le point d'intersection de AB et de AD a pour perspective le point A′ d'intersection de A′B′ et de DP.

Ce problème contient tout le principe de la perspective, puisqu'il donne sur le tableau la position d'un point quelconque connu de l'espace. Nous allons prendre un exemple.

360. — Proposons-nous de mettre en perspective une allée d'arbres dont la direction est perpendiculaire au tableau.

Soient P le point de vue et Q le point de distance

(fig. 224). Supposons les arbres de même hauteur et à égale distance deux à deux. Soient AM, BN,... A′M′, B′N′,... ces arbres, AB leur distance mutuelle, AA′ la largeur de l'allée et CD, perpendiculaire à xy, leur hauteur commune. On joint le point C au point de vue P, on rabat sur yx les distances CA, CB,... et on joint les extrémités de ces distances au point de distance Q ; les points d'intersection a, b,... sont les perspectives des pieds des arbres (n° 355). Joignons DP et par les points

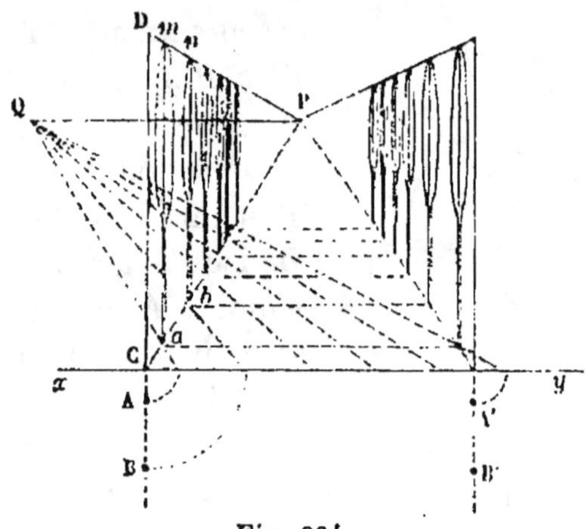

Fig. 224.

a, b,... menons des perpendiculaires à xy jusqu'à la rencontre de DP ; les points d'intersection m, n,... sont les perspectives des sommets des arbres. On trouverait de la même manière la perspective de la deuxième rangée ; mais si les arbres sont opposés deux à deux, on peut aussi déterminer les perspectives des pieds en menant par les points a, b,... des parallèles à xy.

361. — La position de l'œil O de l'observateur (fig. 215 et suiv.) n'est pas tout à fait indifférente ; on le suppose généralement à une distance du plan géométral égale au tiers environ de la hauteur du tableau, et à une distance du tableau égale aux trois quarts environ de sa largeur ; et pour que la perspective produise tout son effet, il faut que le spectateur placé devant le tableau ait l'œil à peu près à la même hauteur et à la même distance du tableau que cet œil O.

362. — On peut faire un dessin exact d'un paysage ou d'un édifice sans se servir des règles de la perspective : on prend un châssis de bois ABCD (fig. 225) ayant au moins 24 centimètres de long et 20 de large. On le di-

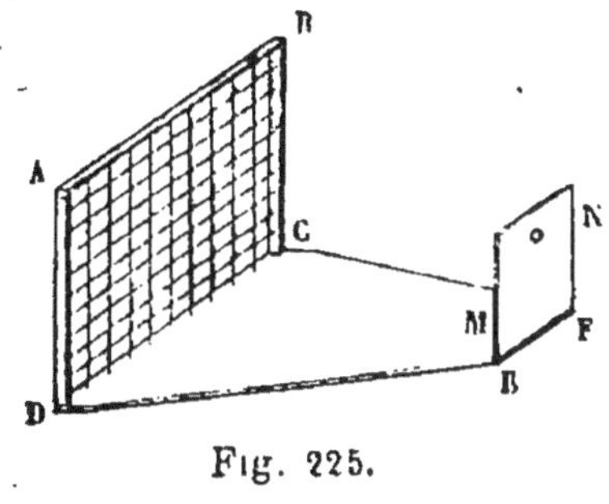

Fig. 225.

vise en carrés égaux de 1 ou 2 centimètres de côté par des fils de soie noire tendus parallèlement à la longueur et à la largeur du châssis. On peut encore partager chaque carré en quatre parties égales par des fils de soie plus fins. Ce châssis représente le plan du tableau ; on le fixe perpendiculairement à une planchette CDEF que supporte un pied semblable à celui du graphomètre. A une distance convenable du châssis et parallèlement au châssis, on fixe également à la planchette une plaque MN percée d'une petite ouverture circulaire.

Pour se servir de cet appareil, on prend une feuille de papier à dessin sur laquelle on trace légèrement, au crayon, un nombre de carrés égal à celui du châssis. Il n'est pas nécessaire que ces carrés soient égaux à ceux du châssis ; leur grandeur dépend de celle qu'on veut donner au dessin. Puis on dispose le châssis sur son pied en face du paysage ou de l'édifice qu'on veut mettre en perspective, et on regarde à travers le trou de la plaque tous les détails qui paraissent contenus dans chaque carré du châssis. Il reste à marquer chaque point sur le carré correspondant du papier, on a ainsi un dessin d'une exactitude que l'artiste le plus habile obtiendrait diffi-cilement.

QUESTIONNAIRE.

355. Comment trouve-t-on la perspective d'un point du plan géométral, connaissant le point de vue et le point de distance ?

356. Comment trouve-t-on la perspective d'un polygone tracé sur le plan géométral? Prendre pour exemple un carré, un rectangle, un hexagone régulier.

357. Mettre en perspective un plancher rectangulaire recouvert de dalles carrées.

358. Comment trouve-t-on la perspective d'une ligne courbe tracée sur le plan géométral? Prendre une circonférence de cercle pour exemple.

359. Comment trouve-t-on la perspective d'un point de l'espace, connaissant sa hauteur au-dessus du plan géométral et sa distance au tableau ?

360. Mettre en perspective une allée d'arbres dont la direction est perpendiculaire au tableau.

361. La position de l'œil, supposé derrière le tableau, est-elle indifférente ? Quelle est à peu près généralement sa distance au plan géométral et au tableau ; et quelle doit être la position du spectateur devant le tableau ?

362. Avec quel appareil simple peut-on obtenir un dessin exact d'un paysage ou d'un édifice sans le secours des règles de la perspective ? Comment s'en sert-on ?

FIN.

PROGRAMME

DE L'ENSEIGNEMENT DE L'ARPENTAGE, DU NIVELLEMENT ET DU DESSIN LINÉAIRE

DANS LES ÉCOLES NORMALES PRIMAIRES.

1° ARPENTAGE ET NIVELLEMENT.

2° DESSIN LINÉAIRE.

TABLE DES MATIÈRES.

CHAPITRE VII. — APPLICATIONS AU LEVÉ DES PLANS.

CHAPITRE VIII. — APPLICATIONS A LA MESURE
DES DISTANCES INACCESSIBLES.

CHAPITRE IX. — APPLICATIONS A LA MESURE
DES SURFACES PLANES.

CHAPITRE X.   APPLICATIONS A LA MESURE DU CERCLE
ET DE LA CIRCONFÉRENCE.

GÉOMÉTRIE DANS L'ESPACE.

526. — Abbeville. Typ. et stér. Gustave Retaux.

9 782019 644864